JN060378

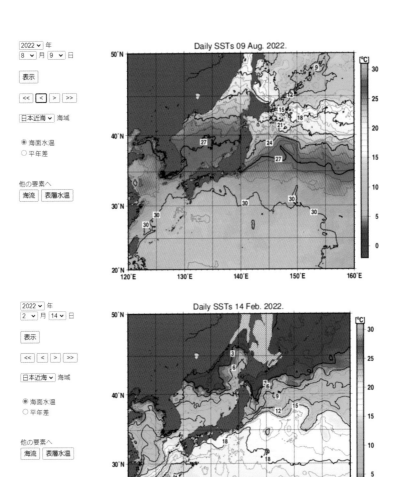

図 24（本文 P87）

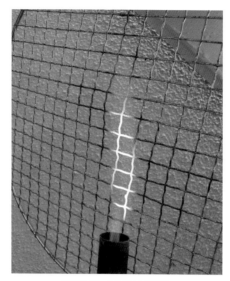

写真 3（本文 P73）

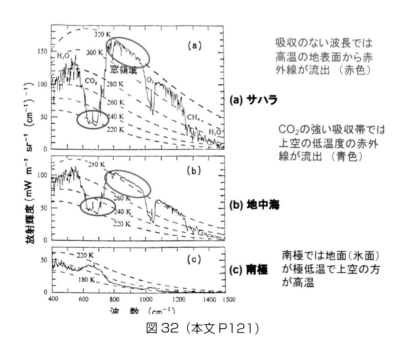

吸収のない波長では
高温の地表面から赤
外線が流出（赤色）

(a) サハラ

CO_2の強い吸収帯では
上空の低温度の赤外
線が流出（青色）

(b) 地中海

南極では地面（氷面）
が極低温で上空の方
が高温

(c) 南極

図 32（本文 P121）

なぜ気象学者は間違ったか

地球温暖化論争の疑問を追う

小山新樹
KOYAMA Shinju

文芸社

【目次】

＊本文で用いる「IPCC」とは、気候変動に関する政府間パネルに大きく関わった気象学者、気象庁、国立地球環境研究センターを含みます。

＊本書に出てくる数値は、要点を理解しやすくするために、用いる参考資料や常に変化する値によって差異があります。結論には影響を及ぼさない範囲なのでご了承ください。

はじめに

　小学校高学年の時でした。学校にある二宮金次郎像の話を先生から聞きました。子供の時から少しの時間も惜しんで勉強し、薪を運びながらでも本を読んで偉人になったと聞きました。私は二宮金次郎の真似をしてみました。日常的に行っていた薪運びのときに教科書を開いて、段差の多い細い山道を下り始めました。しかし、数歩が限界でした。何度か試みましたが無理でした。怪我の恐怖さえ覚えました。「二宮金次郎は薪を背負って歩きながら本を読んでいた」は間違いだと確信しました。どんなにいい話でも嘘があることを体験したのです。それ以来、何事も自分で確かめ、理解できたことだけを信じ、理解できないものは「一般にそう言われているだけ」と「？」付きにするようにしました。

　子供のころからサイエンスに興味を持っていました。中学では科学クラブで部長も務めていました。気象学への関心は科学クラブでの日常活動の中で、NHKラジオの気象通報を聞き天気図を自作してクラブとしての天気予報も行っていた中で知識として積み上がっていきました。

　また、理科の授業で火薬の原理や分子の構造を学び、それだけで、化学式からその物質の性質と安定性を見極め、スーパーで売られている誰でも買える材料で火薬を

作っては花火として遊んでいました。当時は、法律上は火薬ではありませんでしたので、そんなことができたのです。しかし数年後、ある事件がきっかけで火薬類取締法の改正で材料の一般販売が停止され、火薬の規定が変わり、それ以来一般の人には作ることのできない物になりました。

　科学好きの少年は時代の影響もあって電気系の勉強がしたくなって工業高校の電気科に入学しました。在学中に「テレビジョン修理技術士」の資格も取得しました。1960〜70年代頃は高額で貴重なテレビは資格を持った修理士が扱うものだったのです。

　そうした時代を支えていた企業のトップに松下電器産業がありました。私は高校卒業と同時に松下へ就職しました。理系の勉強は誰にも負けない自信がありましたが、文系はまったくお粗末で、大学を受験することなど考えられませんでした。

　松下では製造部門に配属され、テープレコーダーやラジオなどの製造に関わりました。手前みそながら、新人時代から技術に関しては一目置かれていました。修理はお手の物でした。なぜなら、状況を見ればどこが不具合なのかすぐに想像ができたからです。作れないものはない。直せないものはない。そう自負していました。他人の3倍、4倍の数を修理していました。

　当時の松下は社内外に「提案の松下」を標榜していま

した。改善提案、新規提案、新人でも拒否された記憶は
ありませんでした。

　そこで、私は度々設計部門に「こういうふうにしたら
どうですか？」と押しかけて提案していました。仕事の
合間に無関係の話に耳を傾けなければならない先輩は
きっと鬱陶しかったと思います。ついには何度もやって
くる若造に、「だったらお前がやれ！」と担当者は言い
ました。

　私は、性能向上・品質向上・コスト削減、それぞれの
資料を作成して独自の実験データで技術部門と品質管理
部門を説得しました。設計図面を引っ張り出して書き換
え、「仕様変更書」も書きました。考えてみれば、松下
の製品の仕様書を若造が書き換えるのですから、前代未
聞のことでした。これによって私は製造部門から新製品
開発プロジェクトへの派遣となり、製品の設計のみなら
ず生産設備の設計及び製作も担当し、製造ラインを軌道
に乗せた後に新たなプロジェクトに参加する、といった
ことを続けていきました。

　ラジオ・音響技能検定試験という試験がありました。
その1級は300万人が受けて50人程度の合格率の超難関
ですが、これには科目合格しました。最終的な資格取得
はなりませんでしたが、科目合格の資格を持ってさまざ
まな研修の講師なども務めたりしました。自分で興味を
持ったことに関しては自分で追究しないと気が済まない

性格は、あの頃から50年近く経っても変わりません。

　だから気になって仕方がないことがあるのです。

　1980年代から地球規模の温暖化が論議され始め、CO_2による温室効果が原因とされる中、1990年「COP3」の京都議定書ではCO_2の具体的な削減目標が示されました。

　しかし私はCO_2に温室効果があることは理解しつつも、それが地球温暖化とダイレクトにつながってしまうことに大いなる違和感を覚えました。石炭はCO_2排出量が多いことも分かりますが、この会議では木炭や薪まで石炭と同じようにやり玉に挙がっていました。そうしたおかしな話を見聞きし、本格的に地球温暖化に関心を持ち、調べ始めました。

　その中で温室効果ガスによる温室効果で気温が上昇し降水量が増え気候変動が大きくなるというシナリオがまことしやかに語られていましたが、私は直観的に「気温が上がって雨が降るという因果関係などあり得ないと思いました。義務教育を含め、長年多くのサイエンスを学んできた中に「気温が上がると雨が降る」など存在しないのです。

　私は地球温暖化の事実とウソを詳しく調べ始めました。温暖化に関する書籍、ウェブ上の論文やホームページ数知れず、温暖化懐疑論者と言われる人の言動、ユーチューブ上での論戦、等々。

どれもこれも間違いだらけでした。論理的裏付けのない統計上の事実を温暖化の真実としたり、適用できない論理を適用してみたり、エビデンスの何一つない矛盾の固まりが平気でさらされているなど、余りにも酷い現実を知りました。しかし、温暖化懐疑論者の論理は、IPCC（「Intergovernmental Panel on Climate Change」の略で、日本語では「気候変動に関する政府間パネル」と呼ばれる。1988年に世界気象機関〈WMO〉と国連環境計画〈UNEP〉によって設立された政府間組織で、2022年3月時点における参加国と地域は195）の主張するCO_2温暖化原因説を否定するには誠に非力で、完全に否定するに至っていないのです。

　しかし、温暖化大げさ説、には真実があります。それは本文で詳細に述べます。

　私は自らIPCCの論理の間違いと正しい論理を比較しながら、間違いを起こした原因の推察（なぜ間違ったか）、さらにはIPCC論理の否定だけでは説得力に欠けるため、温暖化の真の原因とその論理構成と論理を補強する資料集めを行ってきました。

　そして、ついにここに完結することができました。私の望みは、多くの人が事実に基づいて温暖化や地球環境の本当の議論を進めていくことです。そのためにこの本が参考になれば幸いです。

第1章

IPCC の論理と現実の温暖化

1 環境問題に対する姿勢に問題あり

　過去の環境汚染問題での対応の遅れから多くの犠牲者を出したその反省から、可能性があれば規制する、怪しきは罰する、といった姿勢に変化し、真偽の検証がなされず、言った者勝ちの様相が常態化している。

　IPCCは真偽の論争の場ではなく多数決で決定される。つまり、科学の論争でなく政治力で決まるのだ（より多くの論文を出したグループの勝利となる）。

実例1　サンゴの白化
　現状を正しく分析すれば、サンゴの白化は感染症によることは明らかで、水温の上昇が感染を拡大していても水温上昇が原因とするのは間違いである。インフルエンザは気温の低下が原因だと主張するに等しい。

2007年06月25日　朝日新聞より
地球温暖化に伴って白化現象が進み大きな被害が予

測されるサンゴ礁に、新たな脅威が広がっている。「ホワイトシンドローム」と呼ばれる病気で、オーストラリアや沖縄など世界各地のサンゴ礁で見つかった。発症したサンゴのほとんどが1年以内に死ぬという。原因は不明だが感染症の一種とみられる。

実例2　森林によるCO₂吸収

　基本、森林はCO_2を吸収した量を排出している。収支は±0でCO_2を吸収することはない。ただし天然林、放置林、原生林でのこと。

　木は葉を付け幹や枝を成長させる。その過程で多くのCO_2を吸収し水と反応し有機物を作り蓄える。しかし、いずれ葉は落ち、枝や幹もいずれ枯れる。落ちた葉、枝、幹は小動物に食われ、菌類やバクテリアなどにより主に水とCO_2に分解される。歴史の長い森林、成長の止まった森林は、CO_2の収支は±0になる。

　例外的にCO_2を吸収する森林も存在する。それは人が管理し成長している森林。泥炭層を形成する森林等である。

　森林が崩壊すれば森林が蓄えたCO_2が排出される。森林より穀物農地の方がCO_2の吸収だけなら多い。

2　科学的分析手法に問題

　科学的分析の手法の中に統計的分析がある。規模の大きな現象を分析する時、物理法則に基づく計算では複雑かつ膨大な計算になるため、伝統的に統計的手法が用いられる。そこに落とし穴があった。

　一般常識として、1つの事項（原因）で複数の現象が変化する。複数の現象の中から2つだけを取り出し、その関係を統計的に調べ、片方が原因でもう片方が結果だと断定するには、物理法則に基づく証明が不可欠である。往々にして原因と結果が逆であったり、結果と結果の比較だったりすることの方が多くある。

　ところが、気象学において、気象予報において、このことは重要ではなく相関性だけが重要で、数量的に観測できる事項から曖昧な天候を相関的に予測することが重要視されてきた。統計重視が常態化してきた中、間違う素地が出来上がっていたのだ。

　また、思考の視野が狭い限られた現象やデータから結論を導き出した。物理法則の知識不足や物理法則の適用間違いを犯した。IPCCの主張するエビデンスは重要な部分の大半が間違いであった。科学の視野を広くし多くのデータを集め分析すれば違った結論が出るのに間違っ

たいわゆる机上の空論をやらかしたのだ。

3 統計から導き出された事実

　CO₂濃度の増加、世界の平均気温の増加、世界の平均海面水温の増加、世界の年降水量の増加、いずれも観測の結果として統計的に増加が確認されている（気象庁のサイト参照）。

　IPCC WG1 –「概要」及び「よくある質問と回答」

CO₂ の上昇（図 1）

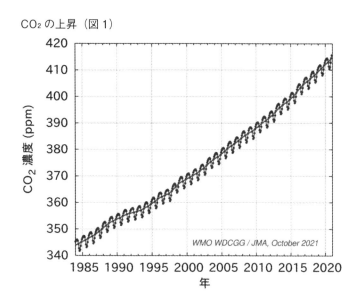

WMO WDCGG / JMA, October 2021

気温の上昇（図2）

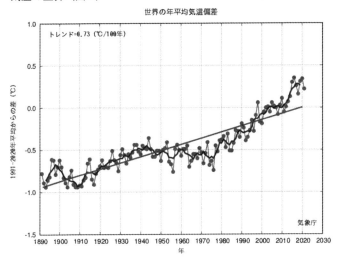

海水温の上昇（図3）

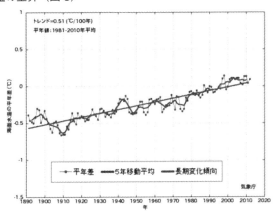

降水量の上昇（図4）

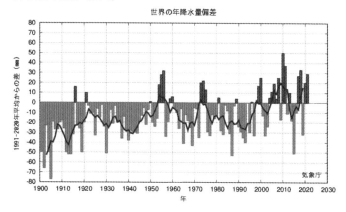

世界の年降水量偏差

4　IPCC が主張する地球温暖化

◆「温室効果ガスの増加（CO₂）により大気温が上昇
した」

　大気中のCO_2濃度と大気温には気象観測の事実とし
て相関性が認められる。

◆「大気温が上昇したため降水量が増えた」

　降水量が増えると気候変動が大きくなる。

　また同時に大気温と降水量の間にも気象観測の事実と
して相関性が認められる。

　上記2項目それぞれの相関性が認められることに異論

はない。しかし因果関係を認めたものでないことが重要である。

　気温が上がって雨が降った。気象現象の事実の1つであるが、気温が上がると雨が降る絶対的な物理法則はない。それなのにIPCCは間違いを犯した。

5　IPCCの理論を検証

　IPCCは彼らなりの理論を持っている。もちろん間違った理論ではあるが。

　大気温が上昇すれば降水量が増える理由に次を挙げている。

　1　大気が海水を温めている。海水温より大気温が高ければ大気が海水を温めると考えている。
　2　大気温が上昇すれば海水の蒸発量が増加すると考えている。
　3　大気の水蒸気量＝降水量と考えている。

いずれも一般人ならまだしも科学者として間違うレベルの問題ではない。

　物理的に捉えなおすと、それぞれ次のように変わって

くる。

1　大気が海水を温めている。海水温より大気温が高ければ大気が海水を温める。
↓
①　大気温が海水温より高いと顕熱は大気から海へと移動するが、潜熱は大気の凝結温度が海水温より高くならないと大気から海へ移動しない。潜熱＋顕熱エネルギーの総和では海水温より湿球温度が高ければ大気が海水を温める。

2　大気温が上昇すると海水の蒸発量が増加する。
↓
②　大気温が上昇すると海水の蒸発量が減少する。（ボーエン比の適用は間違いである。純粋に水温と凝結温度に帰するべき）

3　水蒸気量＝降水量
↓
③　大気の水蒸気量≒降水量＝蒸発量

＊顕熱：一般的な熱の意味で、物質の形態を変えず温度が変化する状態。
＊潜熱：物質の形態が変わる時に発生するエネルギー量のこと。水が蒸発する時の蒸発熱、水蒸気が水滴

になる時の凝結熱など。

＊湿球温度：温度計を濡れたガーゼで包み測った温度。
　気体のエネルギー量を変えず湿度100％にした時の
　気温と一致する。

＊ボーエン比：潜熱に対する顕熱の比率。

5-1　気温の真実

5-1-1　気温が高くなると雨が多くなる

気象観測の事実として気温と降水量に相関性が認められる。

現実、気象変化の中で高緯度寒冷地より低緯度熱帯地の方が平均して降水量は多い。気温の低い冬より気温の高い夏の方が平均して降水量は多い。温暖化により気温が上昇し降水量も増加している。これらは全て気象観測の事実である。

物理法則を無視し統計的手法を重視すれば、気温が高くなれば降水量は増え、気候変動は大きくなるとの結論に至る。この考え方が気象学の主流である。

なぜ気温が原因で、結果が雨なのか？

気温が上がると雨が多くなることを証明した物理法則は存在しないのだ。

反対に、雨が降ると気温が上がる物理法則は存在する。潜熱、気化熱等と呼ばれる現象（最近身近になった現象

ではヒートテック等の吸湿発熱反応）である。これもまた義務教育で習う科学の基礎。

　物理法則を適用すれば、気温が高くなれば湿度が下がり雨は降りにくくなる。

　夜、放射冷却で気温が下がり、朝、霧が出ていても日が昇り気温が高くなれば霧は消えてなくなる。気温が下がれば湿度が上がり、湿度100％を超えると霧となり、気温が上がると湿度が下がり、霧、水の液体も水蒸気に変化し見えなくなる。物理法則の基本である。

　義務教育では実験までして、気温が下がると空気中の水蒸気が凝結し水滴となり雨になると教わる。

　しかし、ある人が反論した。
「気温が上がると上昇気流が発生し、上昇気流が雲を生み降雨に至る」と。

　上昇気流の発生の殆どは風と風のぶつかり合い、風と山のぶつかり合いで起こっている。気温の上昇では極まれにしか上昇気流は起こらない。気温によって起こる上昇気流には高さ方向の温度差が必要である（100メートルで1℃）。ところが、IPCCも著名な気象学者たちもCO_2による気温の上昇は対流圏において一様に上昇すると表明している。つまりCO_2による気温上昇では温度差は拡大しないとのこと。つまり上昇気流は発生しないと言っている。

　彼らは物理法則を無視し観測から得られた事実を信奉し、結果と結果の比較である、どちらが原因でどちらが結果かを見誤り、その過ちに気づいていない。

5-1-2　温室効果ガスにより大気温が上昇し 　　　　大気が海水を温めている

　気象観測の事実として、海水温と大気温、温室効果ガスは共に上昇している。相関性が認められる。

　熱エネルギーの移動に関する基本を見てみよう。
　熱エネルギーは高い所から低い所に移動する。温度差が大きいほど、移動するエネルギーは多くなる。
　海水と大気間のエネルギー移動の方法には3通りある。潜熱（蒸発熱）、顕熱（熱伝導）、放射熱（輻射熱）の3通り。
　放射熱は単純に温度差では語れない。放射熱には放射率が大きく関わり、温度×放射率で考えなくてはならない。海水の放射率は90％ほど、大気の放射率は水蒸気、エーロゾル（空気中に浮遊するちりなどの固体や液体の粒子）を考慮しても40％ほどである（雲のない晴天時）。つまり、海水温に比べて気温が50〜60℃も高温で均衡し、それ以上温度差が大きくならないと大気から海水への放射エネルギーの移動は起こらない。これは晴天時の

実測値からの割り出し。太陽放射、アルベド、平均気温など雲のある地球の実体からの数値計算では海水温よりも平均＋39℃で均衡。

　気象史が始まって以来、常に放射エネルギーは海水から大気へ移動している。

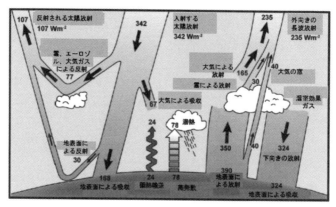

図5

図5はIPCCから出ている図である。

地表からの大気への放射　　350

大気から地表への吸収　　324

地表からの大気への放出　　26

潜熱　78

顕熱　24

以上が地表からの大気へのエネルギーの移動となる。

　この図から解るように、常に海水（地表）から大気にエネルギーは移動している。その中で、大気温が上昇すれば海水（地表）と大気の温度差は徐々に縮小し、海水（地表）から大気へのエネルギー移動も併せて縮小する。

　どこにも「温室効果ガスにより大気温が上昇し、大気が海水を温めている」との思考が浮かぶ余地を見出せない。

　潜熱と顕熱、この2つも単純な温度差でのエネルギーの移動は間違いである。

　海水と大気のエネルギーの移動には湿球温度が関わっている。海水温と大気の湿球温度の差によりエネルギーは移動する。

　海水温、湿球温度、乾球温度、凝結温度という4つの温度位置によりエネルギーの移動方向と気象現象に特異なものが見られる。

1.　海水温＞乾球温度＞湿球温度＞凝結温度

　エネルギーは海水から大気へ移動する。気象現象は気嵐（蒸気霧）、海から湯気が立ち上る。

2.　乾球温度＞海水温＞湿球温度＞凝結温度

　エネルギーは海水から大気へ移動する。気象現象は起こらない。大多数がこの状態。

3. 乾球温度＞湿球温度＞海水温＞凝結温度

エネルギーは大気から海水へ移動する。気象現象は起こらない。

4. 乾球温度＞湿球温度＞凝結温度＞海水温

エネルギーは大気から海水へ移動する。気象現象は海霧。

　エネルギーが大気から海水へ移動するのは3と4でいずれも少数派で、2が圧倒的に多い。

＊乾球温度：一般に気温と呼ばれるもの。

＊湿球温度：温度計を濡れたガーゼで包み測った温度。気体のエネルギー量を変えず湿度100％にした時の気温と一致する。

＊凝結温度：空気の水分量を変えずに温度だけを下げ湿度100％になった時の温度。

＊エーロゾル：エアロゾルとも言い空気中に浮遊する物質のこと。地表から巻き上がる砂塵、火山噴出物、花粉、胞子、燃焼物、ウイルスなど。

＊アルベド：惑星や衛星が太陽光を吸収せずにどれだけ反射しているかの比率。

「大気が海水を温めている」との主張は間違いであると
気象観測の事実として証明できる。

　気象庁のホームページに「温室効果ガスにより大気温
が上昇し、そのため大気が海水を温めている」との記述
があったが、当方との議論の末、当方の意見「大気が海
水を温めるとの事実は局所現象としては度々観測されて
いるが地球規模で起こった記録は有史以来一度もない」
を気象観測の事実として受け入れ気象庁はホームページ
より削除した。10 年ほど前のことだ。

　大気が海水を温めているとの主張は、物理法則的に言
えば、熱エネルギーは低い所から高い所に移動する、そ
のエネルギー差が少ないほどエネルギーの移動量は大き
くなると言っている。小学校で習う科学では、熱エネル
ギーは高い所から低い所に移動する、そのエネルギー差
が大きければ大きいほどエネルギーの移動量は大きくな
ると教わる。IPCC の主張と小学校で習う鉄板物理法則
とどちらを信じるか。私を含め多くの人は小学校で習う
鉄板物理学を信じると思うし、IPCC の主張には他の多
くの物理法則との整合性が全くなく確実に間違いである。

　IPCC は一般的な気温である乾球温度が海水温度より
高ければ大気が海水を温めると誤認しているようだ。

では、大気温と海水温が共に上昇している事実をどう説明できるか。物理法則に則した仮説が2つ成り立つ。

1　海水温が何らかの原因で上昇し、結果として海水から大気へのエネルギー移動が増え、気温も上昇した。

2　大気温が何らかの原因で上昇し、結果として気温の上昇により海水から大気へのエネルギー移動が減り、それが海水温上昇に繋がった（大気が海水を冷やす能力が少なくなった）。

　上記の事柄は後の考察に大きな影響をもたらす。

5-1-3　大気温が上昇したため海水の蒸発量が増えている

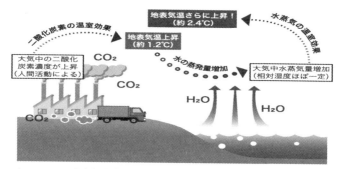

イラスト1（国立地球環境研究センターのホームページより）

　イラスト1は国立地球環境研究センターのホームページに掲載されているものである。二酸化炭素により上昇した気温が海水の蒸発を増やしていることを示している。

　大気の湿度は平均60％付近で一定。大気温が上昇している中、湿度が一定だと水分量は増える。気象観測の事実と物理法則に照らし合わせても矛盾はない。しかし、大気中の水分量が増えている証明にはなるが、海水の蒸発量が増えている証明にはならない。

　前項でも述べたが、エネルギーは高い所から低い所に移動する。地球平均で言えば、海水のエネルギーが高く、大気のエネルギーは低い。その中で、大気のエネルギーが上昇すればエネルギー差は縮小し、エネルギーの移動量は縮小する。水分の移動あるいは潜熱（気化熱）の移動もまた縮小する。つまり、「大気温が上昇したため海水の蒸発量が増えている」は統計的事実に注目しすぎ、基礎的知識に視点が届いていない間違った意見である。

第2章

気象現象から導き出される
温暖化の真実

1 基礎知識

1-1 海水と大気のエネルギー移動

　次の3つのイラストは、海水と大気のエネルギー量が最初の位置から大気温が上昇した時、エネルギーの移動方向と移動量の変化を図式化したものである。小学校で習うように、エネルギーは高い所から低い所に移動し、その差が大きいほどエネルギーの移動は多くなる。

　気温が上昇した時、海水から大気へのエネルギー移動が多くなることは全てのパターンにおいて起こらない。結果、IPCCの主張する「気温が上昇すると海水の蒸発量が増える」は起こり得ないと証明される。

◆水温と気温の間で起こるエネルギー移動の図解

水温と気温のエネルギー量が同じ所から気温が上昇するとエネルギーは大気から海に移動する。

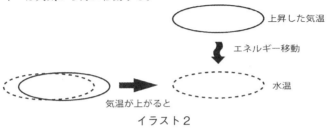

イラスト2

海水のエネルギーより大気のエネルギーが高い時
さらに気温が上昇すると大気から海水へのエネルギー移動がさらに増加する。

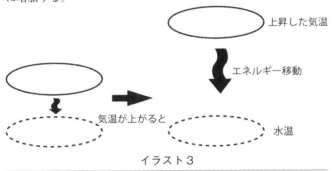

イラスト3

水温より大気のエネルギーが低い時に大気温が上昇すると海水から大気へのエネルギー移動は減少する。

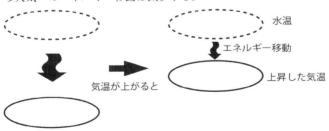

イラスト4

1-2　気候変動の原因と仕組み

1-2-1　水の蒸発量が多くなると気候変動が
　　　大きくなる

1　風と風がぶつかる。ぶつかった風は上にしか逃げ
　道がなく上昇気流を発生させる。

2　上昇気流の中では高度が上がるにつれ気圧と気温
　が低下する。すると気体の水蒸気が液体の水・雲
　となる。

3　雲が発生すると潜熱が解放され気温が上昇する。

4　気温が上昇するとさらに上昇気流が発生しさらな
　る雲の発生、上昇気流と繰り返される。

5　上昇気流は周囲の大気を集め吸い上げる（煙突効
　果）。上昇気流が拡大し低気圧として発達してゆ
　く。

6　上昇気流が成層圏に達するとそれ以上上昇できな
　くなる。それは対流圏では高度と共に気圧・気温
　が低下していくが、成層圏では気圧は低下するが
　気温は変化しない。潜熱の解放により気温を上げ
　てきた雲も周囲の大気との温度差がなくなり上昇
　できなくなる。

7　上を塞がれた大気は横に広がる。

8　横に広がった大気はゆっくりながら冷やされた
　り、隣の低気圧からの流れとぶつかったりし、上

　に逃げ場のない大気は下へと移動する。高気圧で
　ある。
9　下降した大気は低気圧に向かって海水から水蒸気
　の供給を受けながら流れる。

　イラスト5は低気圧、高気圧そして大気の流れである。
気象変動が大きくなることは、すなわち低気圧や高気圧
が大きく発達することである。低気圧が大きくなれば雨
が多く降り洪水となる。高気圧が大きくなると高温、干
ばつ、水不足が発生する。大きな低気圧が大きな高気圧
を育てる。低気圧が大きくなることが気象変動が大きく
なる根幹である。低気圧が大きくなると偏西風（ジェッ
ト気流）を蛇行させる。蛇行した偏西風は低気圧の移動
を阻害し同じ気候が続き気候変動を大きくする。
　大気を循環させている源は、上昇気流であり雲である。
つまり、大気を循環させるエンジンである。しかし最も
重要なのはエンジンを動かす燃料である。燃料は水蒸気、
水蒸気供給の大半を海水が受け持っている。

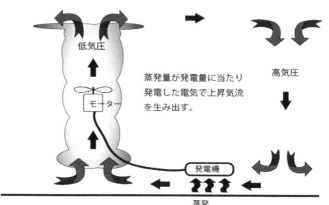

気候変動の原因

低気圧

蒸発量が発電に当たり
発電した電気で上昇気流
を生み出す。

高気圧

モーター

発電機

蒸発

イラスト5

1-2-2 南北の温度差が拡大すると気候変動が大きくなる

　南北の温度差：赤道付近と極地の温度差が拡大すると自然はその差をなくそうと風が強くなる（温度風）。偏西風（ジェット気流）の蛇行が大きくなり、中緯度の低気圧が発達する。

1-3 IPCCの論理と気候変動

　IPCCの論理：温室効果ガスにより気温が上昇した。
　気温が上昇すると蒸発量は減少し気候変動は少なくなる。

さらに温室効果ガスによりIPCCは赤道付近より極地の温度が高くなると主張。赤道付近と極地の温度差が縮小すると気候変動は少なくなる。

1-4　地球の平均湿度が60％付近で一定に保たれる理由

気温は自然の揺らぎの中、常に変化している。海水からの蒸発量（水蒸気）は自然の揺らぎのある中、常に供給され続ける。すると、湿度も揺らぎ100％を超えれば雨となり海に還る。これを常に繰り返すと平均湿度は60％付近で落ち着く。気温変化の大きい地域では湿度は60％より減少し、気温変化の少ない地域では湿度は60％より多くなる。

1-5　ボーエン比

顕熱／潜熱＝ボーエン比

飽和湿度と気温の関係から顕熱と潜熱の占める割合が気温により変化する。気温が低いと顕熱が優勢となり潜熱が劣勢となるが、気温が高いと逆転し顕熱が劣勢で潜熱が優勢となる（この見解は間違いではない）。だから気温が上がると海の蒸発量が増えるとしている。

しかし、適用の仕方が間違っている。上記論理は気温と水温の温度差が同じとした時に成り立つ論理で、温室

効果ガスにより気温が上昇したとする仮説に適用するのは間違いである。

◆ボーエン比は湿り空気線図より算出できる

　ボーエン比は湿り空気線図との接線傾きから算出できる。

　水平だとボーエン比は1、垂直だとボーエン比は0となる（図6）。

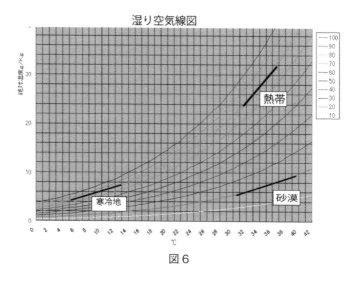

図6

1-6　大気のエネルギーと気温

大気のエネルギーは、気温＝エネルギー量ではない。

しかしIPCCの論理には気温＝エネルギー量しか見えてこない。

　大気のエネルギーは「気温×湿度×気圧」の3次元である。

　ただし、気温×湿度×気圧の体積ではなく表面積に値する。

　エネルギー量のイメージ図はイラスト6に示すような3次元である。

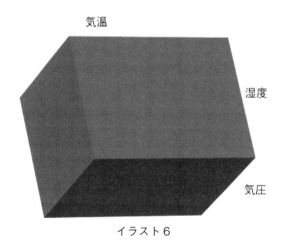

気温

湿度

気圧

イラスト6

　大気のエネルギーは、「気温×湿度×気圧」の3次元構図で気温だけを論じるのは間違いである。気温は十数％の変化があり、湿度は10倍以上の変化がある。気圧は数％の変化。

その中で、気温の上昇＝温暖化はあり得ない。気圧は無視されても湿度が無視されるのはあり得ないこと。

気温の上昇≒温暖化ではあるが、正確な論議がなされていない。

表1は気圧が同じとした条件で温度と湿度を変化させたもので、大気のエネルギーは12エンタルピーで3地点とも同じである。気温で論議されているIPCCに疑問。

代表的地域	温度	湿度	エンタルピー
草原	20℃	80%	12
都市	25℃	40%	12
砂漠	44℃	4%	12

表1

＊エンタルピー：空気1kgの持つ総エネルギーのこと。よく似た言葉「エントロピー」は別物。

1-7 気温は観測地点により大きく変化する

前項で述べたように気温は同じエネルギー量であっても観測地点により大きく変化する。

・気象観測点の変化

地球温暖化の論議では100年前との比較が多用されるので、ここでも100年前を使用する。

　今も昔も気象観測所は公的機関が担い、昔は灯台のある岬や測候所で観測し、測候所は各都道府県の県庁所在地に存在している。現在は地方気象台として存在し続けている。注目すべきは全て都市部であること。

　現在はアメダスによる観測が主流で、観測点は大きく増えた。しかし追加された地点は地方都市の住宅地が多く、電気通信環境のない農地や山林は少ない。

　上記の点から、100年前との比較は地方気象台のある地点が主で、その比較しかできない。

1-8　都市のヒートアイランド現象

　緑のない都市部では、水蒸気の供給がないため気温が上昇し湿度が低下する。

　さらに平地であれば180度（半球方向）から受ける放射熱が都市部では斜め上からも受けることになり、50〜80％増加する（約300度）。水分を含まない地表やビル壁は水分を含む地表に対し10〜20℃高くなる。放射熱は絶対温度の4乗に比例して増加し気温を上昇させる。さらに都市部でのエネルギー消費が追い打ちをかけ気温を上昇させる。

　次頁の表2は大気のエネルギー、エンタルピーが12で同じでも周辺環境により気温は全く違うことを示してい

る。

代表的地域	温度	湿度	エンタルピー	輻射熱の温度	輻射熱の方向	輻射熱の影響
草原	20℃	80%	12	18℃	180度	小
大都市	25℃	40%	12	気温+10～+20℃	300度前後	特大
砂漠	44℃	4%	12	気温+10～+20℃	180度	大

表2

IPCCの主張する100年間の気温上昇が0.74℃は都市部に住む人の実感よりかなり低い。それは、地球表面の70%を占める海が人の実感より平均値を大きく下げているからである。

2　水の蒸発について

◆水の蒸発には2つのパターンがある

いずれも水温と大気の凝結温度の差によって決まる。水温の決まり方には2つのパターンがある。

2-1　濡れた衣類等が乾く時

濡れた衣類等が乾く時、気温は高い方がよく乾く。湿度が低いほどよく乾く。

　この時の現象は、濡れた衣服の水温と大気の凝結温度の差によって蒸発量が決まる。

　濡れた衣服の水温＝水蒸気分圧と大気の凝結温度＝大気の水蒸気分圧、この2つの水蒸気分圧の差により蒸発量が決まる。

　（ここでは風などの条件は無視する）濡れた衣服の水温は湿球温度計の温度と一致する。

　この現象は水温が短時間で湿球温度と同じ温度になる時の特殊な事例なのだ。

　気温が上がると湿球温度が上昇（水温が上昇）し蒸発量が増える。気温が下がると湿球温度が下がり（水温が下がる）蒸発量が減少する。湿度が高くなると凝結温度が高くなり蒸発量が減り、湿度が下がると凝結温度が下がり蒸発量が増える。

　自然界では地球表面の30％を占める陸上の植物が植生する地域で植物からの蒸散によりもたらされる。地球大気全体の水蒸気量の約20％を占める（植物には自己防御作用があり、必ずしもそうはならないが、ここでは論議の大勢に影響しないので無視する）。

　＊水蒸気分圧：空気圧1013hPa中に含まれる水蒸気の
　　圧力。空気1kgに含まれる水分の重さ「絶対湿度」
　　と表示単位は違うが同じもの。相対湿度は一般的に

「湿度」として使われている。

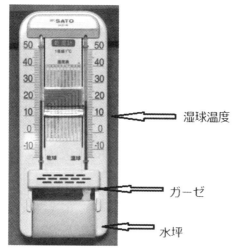

写真1

写真2

◆湿り空気線図に見る蒸発量

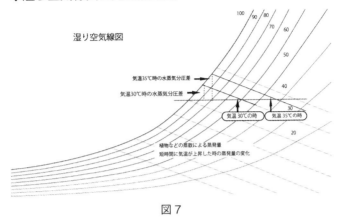

図7

　図7は短時間に気温が変化した時の気温30℃から35℃に変化した時の水蒸気分圧の差を示したもの。

　短時間での気温の変化では大気の水蒸気分圧には変化がなく、湿球温度は30℃の時より増加する。結果、水蒸気分圧の差は拡大し蒸発量が増加する。

　図8は気温30℃から35℃へ変化した後、時間が経過しエネルギー量の変化がなく湿度が60％に戻った時の水蒸気分圧の差を示したもの。

　月、年単位での気温の変化では湿度の変化がなく、大気の水蒸気分圧は30℃の時より増加する。湿球温度も30℃の時より増加する。両方とも増加するが、その差は拡大し蒸発量が増加する。

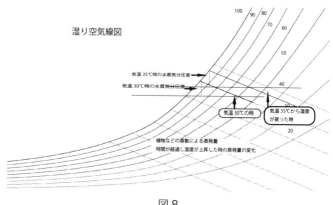

湿り空気線図

気温35℃時の水蒸気分圧差

気温30℃時の水蒸気分圧差

気温30℃の時

気温35℃から湿度
が戻った時

植物などの蒸散による蒸発量
時間が経過し湿度が上昇した時の蒸発量の変化

図8

2-2 海水や人間などの水分蒸発

　大気温の変化を受けにくい（海水は熱量が大きい人間の体温を一定に保つ）状態のもの、または、お湯など外部のエネルギーで水が加熱されている時、大気の凝結温度と海水温（体温、水温）の差により決まる。大気温が上昇しても下降しても一次的には影響はしない。ただ常に変化する気象の中においては、気温が上がると凝固温度は上昇し、気温が下がると凝結温度は下降する。つまり、気温が上がると蒸発量が減り、気温が下がると蒸発量が増える。自然界では地球表面の70％を占める海から発生する。地球大気全体の水蒸気量の約80％を占める。

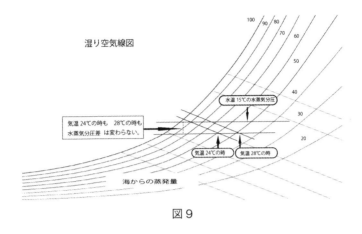

湿り空気線図

気温 24℃の時も　28℃の時も
水蒸気分圧差 は変わらない。

水温 15℃での水蒸気分圧

気温 24℃の時　気温 28℃の時

海からの蒸発量

図 9

　図9は短時間に気温が変化した時の気温24℃から28℃
に変化した時の水蒸気分圧の差を示したものである。短
時間での気温の変化では大気の水蒸気分圧には変化がな
く、水温も変化しない。水蒸気分圧に関わるファクター
は何も変化しない。結果、水蒸気分圧の差は変化せず蒸
発量も変化しない。気温の短期間の変化には蒸発量は影
響を受けない。

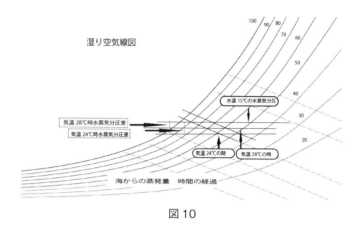

図10

　図10は月、年単位で気温が変化した時の気温24℃から28℃に変化した時の水蒸気分圧の差を示したものである。月、年単位での気温の変化では湿度の変化がなく、大気の水蒸気分圧は24℃の時より増加する。水温は変化しないので、その差は縮小し、蒸発量が減少する。

　海水の蒸発量を増やすには温度差が拡大することが必要である。方策は2つある。
　1つ目は海水温が上昇すること。
　2つ目は大気温が下がること。
　残念ながら気象学者から「大気温が下がると海水の蒸発量が増える」との言は一度も出ていない。

2-3　地球上で起こっている蒸発現象の現実

　大気中の水分20％は気温が上がると増える（地球表面の30％を占める陸地の植物や地表より蒸発）。

　80％は気温が下がると増える（地球表面の70％を占める海より蒸発）。

　差し引き気温が上がると蒸発量が減少し、気温が下がると蒸発量が増える。

　IPCCの主張する「蒸発量＝水温＋気温」は間違い。

　正しくは「蒸発量＝水温－大気の凝結温度」である。

　もし地球の陸地と海の面積が反対であったら「蒸発量＝気温」となる。

　人間は気温が下がる冬は皮膚からの蒸発量が増え乾燥肌と寒さを感じる。気温が上がる夏は皮膚からの蒸発量が減り冷却機能が失われ熱中症になりやすくなる。

　IPCCは前述2-1の気温が上昇すると蒸発量が増える論理しか展開していない。

3　IPCCの間違い

3-1　IPCCの主張するエネルギー論

　水の蒸発に関しては、熱エネルギーは高い所から低い所に移動する、エネルギー差が少なければ少ないほど熱エネルギーの移動は多くなる、と主張している。一方、「大気が海水を温めている」の主張では、熱エネルギー

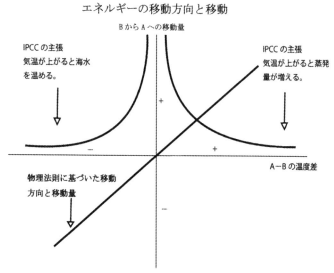

エネルギーの移動方向と移動

◎小学校の理科ではエネルギーの移動は直線と習うが、IPCCの主張を図式すると２つの曲線になる。
図11

は低い所から高い所に移動しその差が少なければ少ない
ほど熱エネルギーの移動は多くなる、と主張している。
一貫性のないダブルスタンダードで小学校で習う鉄板物
理学に反し、熱エネルギーの移動の主張に全く見識がな
い。小学校で習う物理学すら消化できていない。

3-2　各現象間の相関関係と因果関係

◆CO₂濃度、気温、水温、降水量に加え蒸発量を見る

項目		相関関係	因果関係
CO₂濃度が上がると	気温が上昇する	○	×
海水温が上がると	CO₂濃度を上げる	○	○×
気温が上がると	降水量が増える	○	×
気温が上がると	海水温が上がる	○	○
海水温が上がると	気温が上がる	○	○
海水温が上がると	蒸発量が増える	○	○
気温が上がると	蒸発量が増える	×	×
気温が下がると	蒸発量が増える	○	○
蒸発量が増えると	降水量が増える	○	○

表 3

4　海と大気の水分循環

　海と大気の間の熱エネルギーの移動には色々なパター
ンが存在するが、地球全体で平均すれば海は大気からエ

ネルギーを奪い蒸発する。

　ここで誤解が生まれる。海は大気からエネルギーを奪うが、潜熱として大気にエネルギーを与え（等価交換）、エネルギー収支は±0。その後、熱エネルギーの等価交換後は海水から大気に潜熱が移動する。その中で顕熱と放射熱はひたすら海水から大気に移動している。大気が海水を温めてはいない。海水が大気を温めている。

　大気中の水分は雨となって海に戻る。潜熱の1/540で無視してよいエネルギー量である。

　結果、等価交換された潜熱もほぼ全て大気に顕熱として移動している。

　海水からの水蒸気の供給は揺らぎはあるものの常に絶えることなく続く。気温、湿度が自然の揺らぎにより変化する。その中で湿度が100％を超え量的に一定量を超えると雨となって海に還る。

　結果、平均すると気温に関係なく、地球平均では湿度60％付近で推移する。降水量は蒸発量によって決まることが解る。気温が上がって降水量が増えるとの気象学者の見解は物理法則を無視した間違いであることが解る。

5　海水の蒸発の現実

　通常、海水と大気の温度関係は、大気の乾球温度は水

温より高く湿球温度は水温より低い。例えば、水温20℃、乾球温度25℃、湿球温度19℃だとすると、湿度60％の状態で無風ならば海面と接する大気は気温、乾球、湿球、共に20℃、湿度100％となり、その上空には気温25℃の大気があるため下が重く上が軽い安定した大気となり、潜熱と顕熱の移動はなくなる。ここで気温が上昇すればさらに安定した状態になる。風などの外乱に強くなることを意味し、実質的蒸発量は単純な計算以上に減少する。気温が降下すれば上空との温度差が縮小し、安定性は減少し、風などの外乱に弱くなり、実質的蒸発量は単純な計算に近づく。さらに気温が下がり、水温以下になると、逆転し下が軽く上が重くなり上昇気流が発生し、風が風を呼び、海水の蒸発はさらに促進される。

　このことは冬の日本海で起こっている。未だ冷え切っていない日本海に寒風が吹くと、海から多くの水蒸気が大気に供給され、上昇気流が発生し雲の成長に繋がり、風が冷たいほど物理法則に従い蒸発量が増え、雪は多くなる（寒気団が強いほど大雪となる）。

〈具体的な数値を用いた解説〉

　海水温15℃・気圧1013hPa・気温20℃・湿度60％の気体の重さ1ℓは1.198g。海水と接する大気の温度は15℃、湿度100％の気体の重さは1.217g、上空の大気に対し海面付近は1.6％重くなる。もし気温が3℃上がると

23℃60％の気体の重さは1.185gで0.013g軽くなる。海水面の大気は変わらないので、重さの差は2.6％に開く。半面3℃下がると17℃60％の大気の重さは1.212gで0.014g重くなる。海水面との重さの差は0.005gに縮小し、差は0.4％。大気上下の安定性が失われ外力により海水表面の大気が入れ替わりやすくなっている。さらに気温の変化を拡大し気温30℃、湿度60％にすると1.154g、水面との差は0.063g、5.2％に拡大。大気はさらに安定し風に対する耐性が上がる。気温10℃湿度60％にすると1.224g、水面との差は－0.027g、水面より2.2％重くなり海水面とその上の大気が入れ替わる。

　イラスト7のタイトルは「地球温暖化による豪雪の仕組み」とあるが、どう見ても「気温低下が引き起こす豪雪の仕組み」である。

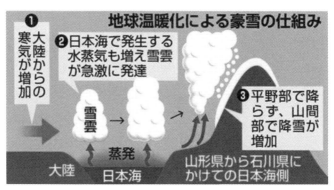

「温暖化で日本海側の豪雪強まる　東北大など予測」産経ニュースより

イラスト7

（参考）

温暖化で日本海側の豪雪強まる　東北大など予測─産経
ニュース（sankei.com）

　海水の蒸発量を算出するパラメーターを確立すべき。

　乾球温度、水蒸気分圧の差（水温と湿球温度の水蒸気
分圧の差）、水温、風と波を1つにした変数。以上4次元
のパラメーターを確立すれば、間違った温暖化論も消え
降水予報の精度も向上する。

6　現在の気候変動の原因は

　気象学者は、大気温が上昇したため海水温が上昇し降
水量が増えた、と主張している。

　気象観測の事実として、気温、海水温、降水量は共に
増えている。

　前項で述べたが、大気温と海水温、降水量の関係は常
に海水温が上で大気温が下。温度差が広がれば降水量
（海水の蒸発量）が増え、温度差が縮小すれば降水量
（海水の蒸発量）は減少する。

　大気温上昇が原因だとすると海水温は上昇するが、降
水量（海水の蒸発量）は減少する。

さらに大気が海水を温めていることが真実なら降水量（海水の蒸発量）は極端に減少する。

　現在の気候変動とは全く違った結果を招き相いれない。

　海水温の上昇が原因だとすると、大気温も降水量（海水の蒸発量）も増加する。現在の気候変動と一致する。現在の温暖化は海水温の上昇が原因だと証明できる。

6-1　歴史の証明　タイタニック号遭難事故

　タイタニック号の遭難事故：タイタニック号が氷山と衝突沈没した事故だが、その時の気象をご存じだろうか？

　波風は穏やかだったが海面付近には靄（霧より薄い）のようなものが漂っていた、という情報もある。これならば事故原因としての説明がつく。

　氷山の漂流する海は、氷山により冷却され同緯度の海より水温の低い状態だった。そこに通常の大気が流れ込み、海水より大気のエネルギー値が高く、大気が海水を温める状態にあった。その時の気象は霧が出て風がなく波もない状態だった。大気が海水を温める状態は風も波もない穏やかな気象になる。これがIPCCの主張である。温室効果ガスにより大気温が上昇し、その大気が海水を温める。これが現実の姿であると容易に想像できる。

6-2　海水温の上昇が可能な原因

1　太陽活動の活発化（地球に届く熱エネルギーの増
　加）

2　地球内部からのエネルギー供給（海底火山の活発
　化）

3　海洋汚染による海の砂漠化（海の実質の比熱が下
　がった）

7　気象変動・気象災害の起こる原因と結論

◆IPCCの主張を要約すると

　CO_2 や温室効果ガスにより気温が上昇する。気温が上
昇したため海水の蒸発量が増える。蒸発量が増えると低
気圧が大きくなる。低気圧が大きくなると高気圧を育て
高気圧も大きくなる。低気圧が大きくなると豪雨災害が
多くなる。高気圧が大きくなると干ばつ、水不足、山火
事などの災害が多くなる。

　このIPCCの主張には物理法則に誤認がある。「気温
が上昇したため海水の蒸発量が増える」は間違いである。
　気温が上昇すれば海水の蒸発量は反対に減少するのだ。
　CO_2 や温室効果ガスにより気温が上昇すれば海水の蒸

発量が減少するのだ。

　すると低気圧が小さくなり低気圧が育てる高気圧も小さくなるのだ。

　その結果、起こりうる気象現象は、気温が上昇したため海水温は上昇するが、海水の蒸発量が減少するため降水量が減り高気圧も小さくなり、干ばつや水不足、山火事も減少する。気象災害も減少し穏やかな気候となる。

　そういうことになっていく。

　だが、これでは明らかに現状の気象と一致せず、CO_2温室効果ガスによる気温上昇自体を否定していることになってしまう。

7-1　真の原因

◆海洋汚染による海水温の上昇が真の原因だった！

　海水温が上がると海水の蒸発量が増える。

　蒸発量が増えると低気圧が大きくなる。

　低気圧が大きくなると高気圧を育て高気圧も大きくなる。

　低気圧が大きくなると豪雨災害が多くなる。

　高気圧が大きくなると干ばつ、水不足、山火事などの災害が多くなる。

　蒸発量が増えると気温も上昇する。

　これならば現状の気候変動とも一致する。

8　温室効果基礎知識

8-1　温室効果とは

　大気は極めて冷えにくい性質を持っている。放射エネルギーを殆ど出さないのだ。ところが、対流により熱が運ばれやすいため、何もしないと熱は逃げる。ところが、対流を止めると本来の保温力を発揮できる。

　元来、温室効果とは、太陽光は通すが対流を止める能力＋黒体放射率の高い（気体に対し数百倍）物質で仕切ることである。対流による熱の移動と、黒体放射率の高い物で囲うことで、放射エネルギーを地面も含め360度から受けることができて、内側の温度が上昇する。温室ではガラスやフィルムがこの役を果たす（ガラスの黒体放射率は0.9）。この意味でCO_2に対流を止める能力はないし黒体放射率は極めて低い。

　気象学者の言う温室効果とは保温力と熱吸収力のことで本来の意味とは異質である。

8-2　CO_2の熱エネルギーの吸収力

　地表が放出する放射エネルギーの周波数帯域の20％を吸収する。

現在のCO_2濃度400ppmで放射エネルギー（赤外線）は大気を通過する時、34万回CO_2分子と出会い、吸収の機会を得ている（1気圧下での分子間距離67.6nm、窒素分子の大きさ0.37nm、CO_2分子の大きさ0.34nmから算出）。

　既に飽和状態を大きく超えていることは明らかである。気象学者の間違いについては後で詳しく説明する。

8-3　気象現象が証明するCO_2の温室効果

◆台風・夕立はなぜ発生するのか？

　言うまでもなく上昇気流の発生が原因である。

　上昇気流発生の原因は3つある。

　1　風と風のぶつかり合い。ぶつかり合うと風は上空へと逃げる。2つの風に温度差があると冷たい空気が下にもぐり、暖かい空気が上空に逃げる。温帯低気圧や前線になる。

　2　風が山に当たる。風が山裾を駆け上がり上昇気流となる。前線や低気圧の近くで地形や風向きにより発生する所が変わる。

　3　地表と上空の温度差による上昇気流。大気の下部は大気自体の重さに圧縮され重くなり、上部は圧縮が弱く軽いため大気は安定している。

　しかし、通常は高度が100m上がると気温が0.6℃低下

し体積が収縮し重くなるが気圧も下がるのでトータルとしては上部のほうがまだ軽い。安定した状態であることに変化はない。

　上下の重さが反転するには100mあたり1℃の差が必要となる。地表付近の大気を温めるのは、顕熱、潜熱、放射熱の3つ。

　顕熱は温度差に比例する。

　潜熱は顕熱との等価交換なので、水蒸気である以上温度は変化しない。霧や雲になった時に熱を放出する。気象学ではボーエン比と言い、気温が高い時は顕熱より潜熱が優勢で気温上昇は少ないとの見解である。

　放射熱は絶対温度の4乗に比例する。しかし、気象学者は、放射熱は大気全体を均一に温めると主張しているので、温度差の形成には無関係となる。

　だとすると、乾燥断熱線を超える変化をもたらすものは顕熱だけになる。季節に関係なく地表温度と大気温度に一定の差が出来れば、台風や夕立が発生することになり、現実と乖離する。

　さらに、顕熱は気温が低いほど影響力が大きいと主張している。単純な地表と大気の温度差なら、日本では太陽光が最も多くなるのは夏至。さらに、地球上で最も太陽光を多く受け地表温度が上昇する地域は極地の夏である。なぜここで台風や夕立が発生しないのか。

　大気は一度温まると熱を逃しにくい性質である。つま

り保温性が高く、台地を保温し台地の温度を40日ほど
ズレさせる。海水は比熱が高いため、さらに30日ほど
遅れる。

　前にも述べたように、CO_2の温室効果は限定的である。
CO_2の温室効果は地表100m以内に限られ（地表100m
以内で放射エネルギーの90％が吸収される）、地表温度
の4乗に比例して指数関数的に地表付近の大気温だけが
上昇する。

　顕熱がプラスし、放射熱が地表温度の最も高い8月を
中心に夕立が発生し、海水温が最も高く、大気温が下が
り始め、海水温とのエネルギー差が大きくなる（海水の
蒸発量が最も多くなる）9月からが台風シーズンとなる
のである。

9　気象学者がなぜ間違ったか

◆水分の移動と熱エネルギーの移動のまとめ

　1　IPCCは気象観測の事実に注視しすぎ、物理法則
　　　をなおざりにした結果、熱エネルギーが低い所か
　　　ら高い所に移動する、としている一方でエネル
　　　ギーの差が少ないほどエネルギーの移動量が増え
　　　るとしていて、物理法則に反していることに気づ
　　　いていない。

2　温度の上下が単純に熱エネルギーの上下と誤認している。大気と海水によるエネルギー差は、大気湿球温度と海水温の比較でなされるべき。気温と海水温の関係は大半が気温＞海水温だが、エネルギー値は大気＜海水であり、熱エネルギーの移動は常に海水から大気への移動であることに気づいていない（大気と地球表面間のエネルギーバランスを作りながら（図5）、その意味するところも理解できない）。

3　潜熱に対する知識がない。湿り空気の熱エネルギー量（エンタルピー）に知識がない。

4　地表と大気間の放射熱移動に誤解がある。図5で説明すると、地上→大気は350ポイント、大気→地上は324ポイント。この中で大気温が上昇すると大気→地上への移動量が増える。これを大気が地表を温めたと誤認している。思考の視野を大きくし、正しく評価すれば、地表→大気350ポイント、大気→地表324ポイントを相殺し、350 − 324 ＝ 26。地表→大気26ポイント移動していると考え、大気温が上昇すれば26ポイントから減少する（図12）。つまり、地表→大気への放射熱の移動が減少したと見るのが正しい見方であるが、IPCCは大気→地表324ポイントが増えるため大気が地表を温めると誤認している。

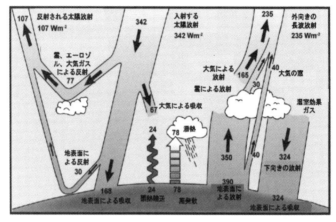

図5（再掲）

右半分を誤解を生まない様に表記

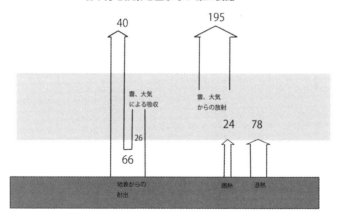

図12

62

9-1　エピソード

　民放、東京のキー局ではレギュラーで天気予報の解説を行っている。気象予報士がテレビ番組内で次のように解説している。

「夏は南風が吹き気温が上がるため雨の日が多くなる。冬は北風が吹き気温が下がるため晴れの日が多くなる」。

　これは、気象観測の事実を重視し、統計的相関性を基にした気象学者 IPCC の主流的考えである。定点観測で得られた、まさに自己中心的（人間中心）な論理展開である。

　大気は常に移動し、気圧、温度、湿度が物理法則に従い変化している。定点観測では、気体は常に移動し（過ぎ去り）、物理法則は適用できない。これを無視したことが気象学者と IPCC に間違いを犯させた。定点にのみ適用される論理を広範囲に適用し、物理法則と乖離した間違った結論「気温が上昇すると雨が降る」を導き出したのだ。

　気象観測の事実と物理法則の整合性を取った正しい解説は次のようになる。

　夏は南の暖かい空気が東京まで北上し気温が下がり湿度が上がるため、雨の日が多くなる。冬は北の冷たい空気が東京まで南下し気温が上がり湿度が下がるため、晴

れの日が多くなる。

　夏は南風で東京の気温は上昇するが、その大気は南からやってくるため、大気自体は気温が低下する。冬は北風で東京の気温は下がるが、その大気は北からやってくるため、大気自体は気温が上昇する（北風南風より影響の大きい山による上昇気流はここでは無視する）。

10　「気温上昇が降水量を増やす」の間違いのまとめ

1　気温が上がると大気中の水分量が増加するため降水量が増える。
　　これは適用できない論理を適用している。水分量が増えても降水量には結びつかない。蒸発量が降水量に結びつく。
2　気温が上がると水の蒸発量が増える。
　　これには2つの論理があり、加重平均が取れていない。陸地では気温が上がると蒸発量が増えるが、海洋では気温が上がると蒸発量が減少する。地球全体では陸地より海洋の面積が多く、気温が上がると蒸発量が減少する。
3　気温が上がるとボーエン比の論理により潜熱、蒸発量が増える。
　　これは適用できない論理を適用している。ボーエ

ン比とは、水温＞気温の時に気温と水温の差が一定の場合、顕熱と潜熱の比で温度が高いと潜熱優位となることで、気温が上昇し水温との差が縮小した時のことではない。

第3章

CO_2 による温室効果は
どこまで正しいのか

1　気象学者の CO_2 による温室効果に
　　対する主張

　CO_2 は地表から放射される放射エネルギーの20％周波数帯の20％で吸収している。にもかかわらず次のような見解が一般人のみならず気象学者たちからも出てくる。「CO_2 が増えれば増えるほど放射熱の吸収再放出が繰り返され大気から地上への熱放射は増大する。従って気温は CO_2 が増えれば増えるほど上昇する」

　この見解には重大な3つの間違いがある。

2　検証

2-1　CO_2 は放射帯域の20％しか吸収しない

　先に述べたように、CO_2 は放射熱の80％を素通りさせ、20％を吸収する。吸収された20％が再放出されても20％の80％、つまり16％が素通り、残り4％が再吸収

される。次は4％が再々放出され、4％の80％である3.2％が素通り、0.8％が再々吸収される。

　現状では既に飽和状態でこれ以上CO_2が増えても温室効果に変化はない。さらにCO_2に吸収された熱エネルギーは直ちに周辺の大気や水蒸気に吸収され、そこから再放出される。結果、一度吸収された熱エネルギーがCO_2が吸収できない波長に変化し、温室効果自体が減少する。

　◆下の図13はCO_2が放射帯域の20％を吸収し80％を素通りさせていることが反映されていない。

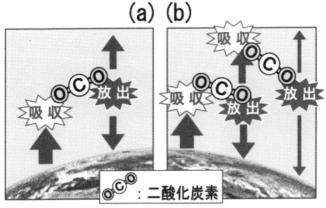

（国立地球環境研究センターのホームページより）

図13

（参考）

温暖化の科学　水蒸気の温室効果—ココが知りたい地球

◆本来の地表付近のCO_2は下図14のようになる。

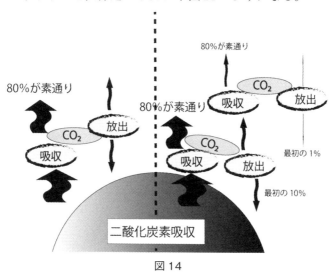

図14

2-2　熱エネルギーは吸収、放熱を繰り返しても増えない

そもそも熱エネルギーは吸収すれば温度が上昇し、放出すれば温度が下がる。吸収、放熱を繰り返せば繰り返すほど温度が上がるとの見解は間違っている。何度繰り返しても温度に変化は与えない。最初の吸収1回のみ有効である。エネルギー保存の法則、キルヒホフの法則（ある地点に入るエネルギーと出るエネルギーの総和は0である）より。

　温室効果は入り口と出口の大きさの差で決まる（最初の1回だけ出口の大きさに関わる）。

　入るエネルギー量と出ていくエネルギー量は同じである。出口が小さくなると、勢いよく出ないとエネルギー量が同じにならない。そのために気温が上昇する。

　CO_2が増えても放出、吸収の回数がどれだけ増えても、出口の大きさには変化はない。

　他のエネルギー、例えば運動エネルギー等が熱エネルギーに代わるのであれば温度上昇があるが、この内容からはそのようなことは窺えない。

　宇宙から見た地球の平均気温（－18℃＝255K）はCO_2により放射エネルギーの20％が制限されると、気温上昇＝（(10/8)^(0.25)×255）－255となり、気温が15℃上昇した状態で入射エネルギーと放射エネルギーが均衡する。

　宇宙から見た地球の平均気温－18℃と現実の平均気温+15℃から算出する放射エネルギーの制限率は、－18℃＝255K、+15℃＝288K、(255/288)^(4)^(－1)＝39％となる。

　CO_2を主にすると見かけ上39％中CO_2が20％を占め水蒸気など他のものが19％を補う。

　よって下記の図15は間違いである。

（全国地球温暖化防止活動推進センターより）
図 15

◆エネルギーから見るとこうなる！

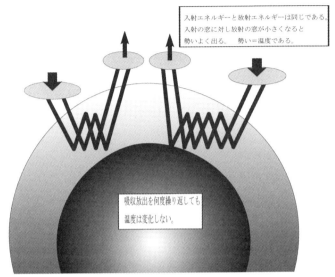

図16

（参考）

温室効果ガスと地球温暖化メカニズム | JCCCA　全国地球温暖化防止活動推進センター

2-3　N₂、O₂、CO₂は放射熱を殆ど出さない

そもそも地球大気（N₂、O₂、CO₂の合計）の黒体放射率は0.001 〜 0.002ほどで、再放出そのものが無視できる値である。

2-3-1　身近な現象で検証

◆ダウンや綿入れは暖かい

　大気は熱伝導率と熱放射率が極めて低いため、対流さ
え止めれば熱を逃がさない。だから空気を多く小さく分
割して溜め込むダウンや綿入れは暖かい。

◆サーモカメラ、赤外線温度計で対象物の温度を測れる

　サーモカメラ、赤外線温度計で対象物の温度を測れる
のは、気体の黒体放射率が極めて低く、測定物と温度セ
ンサーの間に空気があっても測定に影響しないためであ
る。

◆炎の色

　炎は高温でありながら放射熱を殆ど出さないので光ら
ない（化学反応による発光現象は除く）。

　不完全燃焼が起こると固形の炭素が発生し（黒体放射
率0.75）、この炭素から放射熱が出て赤く光る。

　・ガスバーナーで金網を熱すると（写真3）、ガスの
　炎（水蒸気、CO_2、N_2からなる混合気体）は黒体放
　射率が低いので放射熱を殆ど出さない。だから炎が赤
　く光らない。炎に晒された金網は黒体放射率0.89なの
　で赤よりもさらに高温で赤白く光っている。

72

　炎の温度を放射温度計で測ると120℃で、熱電対温度計で測ると1100℃となった。この数値から計算で割り出された燃焼ガス炎の黒体放射率は0.0067となる。

　実験で燃やしたガスはLPガスなので燃焼後のガス成分は$N_2$80％、$CO_2$9％、水蒸気H_2O11％となる。

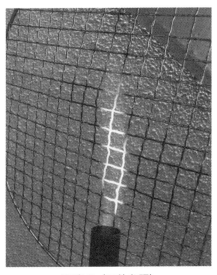

写真3（口絵参照）

2-3-2　CO₂の透過率が示す再放出

　図17が示すのは、CO₂からの再放出が現実には起こっていないということである。再放出があれば吸収の飽和は起こらない。

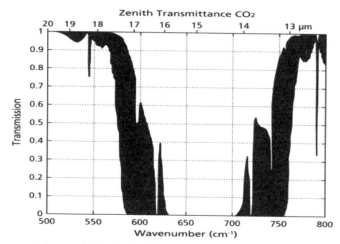

出典：『詳解 大気放射学―基礎と気象・気候学への応用』（グラント W．ペティ著、近藤 豊・茂木信宏 訳) 2019：東京大学出版会、p.419

図17

2-3-3　CO_2が吸収した放射エネルギーの行方は

CO_2が吸収した放射エネルギーは再放出されず、CO_2の温度を上昇させる。しかし、時を置かずして周辺のN_2やO_2に熱エネルギーは吸収され周辺大気全体の温度を上昇させる。すると、大気が膨張し圧力のエネルギーに代わる。圧力のエネルギーは上昇気流や風を生み、運動エネルギーや位置エネルギーに変わっていく。

上昇気流で雲が出来ると水滴の黒体放射率は0.9前後であるため、ここでやっと放射エネルギーとして再放出となる。

2-4　適用を間違えた理論

　放射平衡の概念から、図18のようなことが言われている。

　宇宙から見た地球の温暖化は放射エネルギーによってのみ決まる。大気が充分放射吸収能力を持っている時、ここでは3倍の能力があるものと仮定し、計算しやすく3層に分けて近似値を計算した。

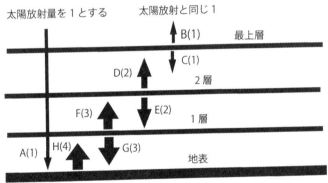

放射平衡から見る温室効果

図18

【図18の説明】

　地球が太陽から受ける放射エネルギーと地球が宇宙に放出する放射エネルギーは同じである。地表を含め各層は放射平衡の論理から、入射エネルギー＝放射エネルギーとなる。

太陽からの入射エネルギーＡを1と仮定すると最上層から宇宙への放出Ｂも1となる。

　Ｂが1であればＣも1となる。最上層の放射はＢ＋Ｃ＝2となる。

　すると2層から最上層の入射Ｄは2となる。Ｄが2ならばＥも2となる。

　2層への入射は4が必要となり、Ｃの1があるので1層からの入射Ｆは3となる。

　Ｆが3であればＧも3となる。

　1層への入射は6が必要となり、Ｅの2があるので地上からの入射Ｈは4となる。

　地上ではＧの3と太陽からのＡの1で、Ｈの4と平衡がとれる。これで全ての平衡がとれる。

　3層になれば太陽放射の4倍もの地上放射エネルギーとなり温室効果大きくなる。絶対温度で1.4倍、温度で＋106℃となる。

　図18から、温室効果ガスが増え、層が増えれば温室効果は増大すると言える。

　この論理が「CO_2の量が増えれば増えるほど温室効果は高まる」との見解に繋がっている。窓ガラスの枚数を増やせば保温効果が上がるのは、この原理を応用している。

　ところが、この論理は、月面に3重の温室を作れば適用できるが、地球には適用できない！

＊地球に適用出来ない理由

1　CO_2の放射エネルギー吸収力は全体の20％で80％が素通りする。全量吸収する図18とは異なる。

2　真空なら図18の論理が成り立つが地球は真空ではない。対流により層を超えたエネルギー移動が存在する。

3　CO_2の黒体放射率が極めて低いため（対流がなければ黒体放射率は関係ない）、CO_2が吸収した放射エネルギーは、ほぼ全て顕熱に変換され対流により最上層に運ばれるため、層が増えても影響を受けない。

3　結論

気象学者の論理「CO_2が増えれば増えるほど気温は上昇する」が成り立つには以下の条件が全て満たされなければならない。

1　放射エネルギーの全帯域でエネルギー吸収がある。

2　吸収が未飽和か再放出がある。

この条件に合うのは水蒸気だけで、CO_2はこの条件を

満たしていない。

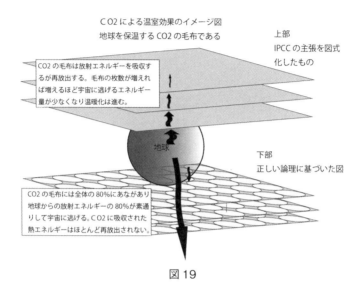

ＣO2 による温室効果のイメージ図
地球を保温する CO2 の毛布である

上部
IPCC の主張を図式
化したもの

CO2 の毛布は放射エネルギーを吸収す
るが再放出する。毛布の枚数が増えれ
ば増えるほど宇宙に逃げるエネルギー
量が少なくなり温暖化は進む。

地球

下部
正しい論理に基づいた図

CO2 の毛布には全体の 80％にあながあり
地球からの放射エネルギーの 80％が素通
りして宇宙に逃げる。CO2 に吸収された
熱エネルギーはほとんど再放出されない。

図19

【図19の説明】
◆IPCCの論理：図上部毛布の枚数を増やせば増やすほ
ど暖かくなる。

◆正しい論理：図下部毛布表面積の20％にしか生地が
なく、いずれも同じ所にのみ生地のある毛布は何枚重ね
ても1枚分の効果しかない。

第4章

温暖化の真の原因は何か

　第2章では、地球温暖化による現在の気象現象が、気温上昇の原因と考えられる温室効果ガスによる気温の上昇からくるものではなく海水温の上昇からくることを証明した。

　第3章では、CO_2にさらなる温室効果がないことを証明した。

　この章では、温暖化の真の原因は何かを提起する。

1　海洋汚染が原因とする状況証拠

　海洋汚染が地球温暖化の原因だと仮定すると、海洋表面の水温が上昇する。

　例えば、太陽光のエネルギーを透明度の高い時、水深100メートルまでで受け止めていたものが、透明度が悪化し水深10メートルで受け止めると海洋表面の水温は上昇する。

2　IPCCの論理的温暖化

　CO_2が原因の温暖化では湿り空気曲線により、低温、乾燥地は温度上昇が大きく、高温、多湿地は温度上昇が少ない。IPCCの資料でも窺える。

　気温の上昇が温暖化の原因だとするIPCCの論理から、下記のことが成り立つ。

　・IPCCのある資料から北海道ボーエン比0.8と沖縄ボーエン比0.35の温室効果を算出すると、沖縄が1℃上昇した時に北海道では2.28℃上昇する。

IPCCの考えは気温だけの影響で湿度を加味していないため、本当の温度差にはならない。

　・気象庁のデータを基にした図20の湿り空気線図から算出すると、沖縄県那覇市と北海道江差の年間平均気温と湿度を見ると、那覇では平均気温28℃・平均湿度75％でボーエン比0.33、江差では平均気温8℃・平均湿度70％でボーエン比0.55である。沖縄が1℃上昇した時に北海道は1.67℃上昇するという結果が得られる。現実の観測の結果と整合性が取れているのか。

　余談だが、IPCCの地球儀上の温度上昇予測（図21）で寒冷地の温度上昇が高いのは正しいが、砂漠地域の温度上昇がないのは、統計的ボーエン比しか思考になく、

湿り空気線図の知識がないように窺える。

湿り空気線図

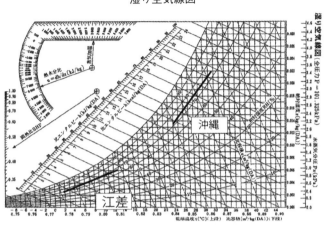

図20

【図20の説明】太線で沖縄、江差の２地点の温度と湿度の
線に接線を引いた。この接線の方向と、顕熱比SHF線の方
向が一致した先の数字がボーエン比である。

　次の図21は100年後の地球の温度上昇予測図である。
温暖化が温室効果ガスによるものと仮定すれば、ボーエ
ン比に基づき極地と砂漠の気温上昇が大きいはずが下図
はそうなっていない。ボーエン比を正しく理解していな
いようだ。

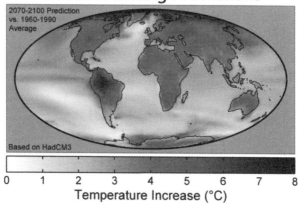

Global Warming Predictions

2070-2100 Prediction
vs. 1960-1990
Average

Based on HadCM3

0 1 2 3 4 5 6 7 8
Temperature Increase (°C)

（英国気象庁のデータによる）
図21

3 IPCCの論理と現実の比較

3-1 日本の気温上昇

IPCCの論理からすれば、高温多湿の日本は世界平均
より温暖化の影響を受けにくいはずだが、現状は世界平
均より高い。
　・世界の平均気温上昇0.73℃/100年
　・日本の平均気温上昇1.21℃/100年
　（気象庁ホームページより）

　日本国内の比較においては低温低湿の北海道が最も影響が大きく、南に行くにつれ影響は少なくなり、沖縄が最も影響が少ないとIPCCの論理からは言える。

　ところが現実は、そうではない（気象庁のホームページのデータを基にヒートアイランド現象を最小にするため都市を避け、できるだけ小さな町を選び1979 〜 1981年の平均と2016 〜 2018年の平均の差を算出した・図22）。

　福　岡+1.52℃　　長　崎+1.48℃　　福　島+1.39℃　　高　知+1.32℃　　岩手+1.24℃　　静岡+1.23℃　　新潟+1.20℃　　島根+1.17℃　　福井+1.17℃　　千葉+1.14℃　　和歌山+1.11℃

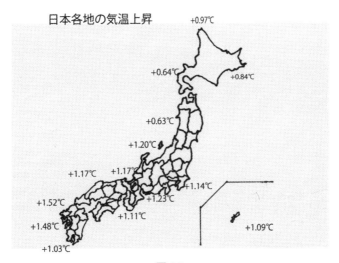

日本各地の気温上昇

+0.97℃

+0.64℃　　+0.84℃

+0.63℃

+1.20℃

+1.17℃　+1.17℃

+1.52℃　　+1.14℃

　　+1.23℃

+1.48℃　+1.11℃

+1.09℃

+1.03℃

図22

沖縄+1.09℃　鹿児島+1.03℃　宗谷+0.97℃　釧路+0.84℃　秋田+0.73℃　北海道檜山+0.64℃

CO_2が気温上昇の原因ならば、最も影響を受けるのは北海道で、最も影響の少ないのは沖縄となるはずが、最も影響を受けているのは九州北部で、最も影響を受けていないのが北海道である。

IPCCの論理である温室効果ガスが原因の温暖化だとすれば沖縄が+1.09℃上昇したなら北海道は1.82℃上昇しなければならない。ところが現実は違う。温室効果ガスが原因の温暖化では説明が付かない。現実の地球温暖化は温室効果ガスが原因の温暖化ではないという証拠である。

現実の気象現象を無理のない理論で説明すれば、日本の気温は西方の影響を受けるということである（低気圧や高気圧は概ね西から東へ動いている）。つまり、日本の西方にある日本近海西方の海水温が影響するのである。

3-2　日本近海の水温上昇

次の図23は日本近海の水温上昇である（気象庁のホームページより）。

日本近海の海水温の変化と日本各地の気温の変化を論理矛盾なく説明できるのは、海洋汚染による海水温の上

1

昇だけである。

沖縄に押し寄せる黒潮は南東海上より世界平均レベルの汚染で押し寄せる。だから先島諸島や黒潮の内側の沖縄本島では世界の気温上昇0.73℃/100年に近い0.78℃/100年が観測されている。親潮の流れる関東東岸、東北太平洋側も同じだが、他の地域は違っている（令和5

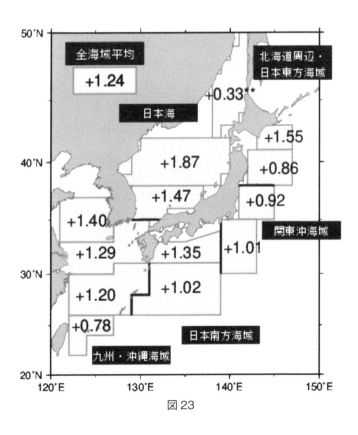

図23

85

年3月6日気象庁発表)。

　これは、東シナ海では中国からの汚染にさらされ海水温が上昇し、さらに日本の汚染も巻き込み、九州南岸から千葉沖まで流れるからである。対馬暖流は中国からの汚染を多く含み、韓国の汚染と日本の汚染も追加され日本海に流れ込むため、九州北部から日本海の水温上昇がより高くなる。対馬暖流は津軽海峡を西から東に流れ北海道南東部の海域の温度も上昇させると考えられる。

　(参考)
気象庁｜海洋の健康診断表 海面水温の長期変化傾向(日本近海)

　2022年の日本近海の水温分布図を見ると(図24：8月・2月／気象庁発表)、最も水温の高い8月と最も水温の低い2月の分布図から次のことが解る(詳細は口絵のカラー図を参照)。

　8月は、中国沿岸に近い黄海、渤海の海水温が対馬暖流が流れ込む日本海の同緯度より高くなっていることが窺える。

　2月は、中国沿岸に近い黄海、渤海の海水温より対馬暖流が流れ込む日本海の水温が高い。また、太平洋沿岸の黒潮に比べ水量の少ない対馬暖流の差が日本海と太平洋側の温度差に顕著に現れている。

　これは、太陽放射が多い夏は緯度の変化による太陽放射の変化と暖流、寒流の影響にプラスして、海洋汚染の影響で東シナ海、黄海、渤海の海表面の温度が上昇し、

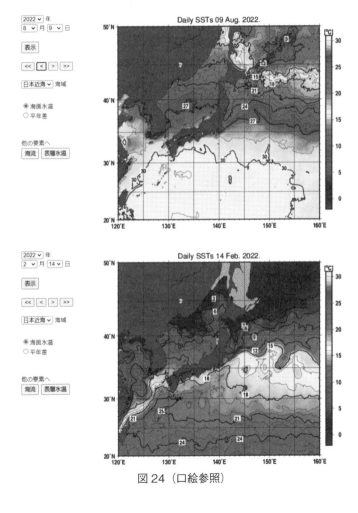

図24（口絵参照）

それが日本海に流れ込んでいることを示している。

太陽放射が少ない冬は海洋汚染が原因での水温上昇が少なく、緯度の変化による太陽放射の変化と暖流、寒流の影響が出ている。

2月と8月の分布差は海洋汚染による海水温の上昇と見られる。

4　結論

日本を取り巻く気温上昇の観測の結果から次のことが言える。

・CO_2が温暖化の原因だとする確証はない（論理的矛盾がある）。

・CO_2が温暖化の原因ではないとする確証はある。

・CO_2が温暖化の原因だとする（気温が先に上昇）状況証拠は1つとしてない。

・海水（海水温が先に上昇）汚染が温暖化の原因だとする状況証拠はある。

・海水（海水温が先に上昇）汚染が温暖化の原因だとする論理に矛盾がない。

・CO_2が温暖化の原因だとするIPCCの論理は現在の気象現象からもCO_2自体の温室効果からも完全に否定できる。

・海洋汚染が原因で海水温の上昇から温暖化が始まる

本説には論理的矛盾がなく、全ての自然現象、統計的
事実と整合性が取れる。

第5章

潜熱「水分」の移動に関する
正しい論理

1　潜熱「水分」の移動

1-1　ボーエン比適用の誤り

ボーエン比の第一変数は水温で、第二変数が乾球温度と凝結温度である。

潜熱は水温と凝結温度の差によって決まり、顕熱は水温と乾球温度（気温）の差によって決まる。

気温が低いほどボーエン比が1に近づくのは、温度が低いほど乾球温度と凝結温度が近づくためであり、つまり潜熱と顕熱が近づくほど、ボーエン比が1に近づくのである。

気温が高いほどボーエン比が小さいのは、気温が高いほど乾球温度と凝結温度の差が開くためである。

なぜIPCCはボーエン比を間違ったのか。エネルギーの流れは太陽放射が水を温め水面が大気を温める。この流れの中で水温と気温の間に一定の関係が生まれる。そ

の中で統計的にデータを処理すると何が主で何が従なの
かが曖昧となり、往々にして思い込みが優先され、水温
と気温のどちらが主なのか取り違えたと推察できる。

　例えば、気温が低くボーエン比1の時、水面から大気
へのエネルギー移動は合計のエネルギー移動量を100と
すると顕熱50・潜熱50となるが、気温が高くボーエン
比0.11の時には顕熱が10で潜熱が90となる。このこと
から気温が上がると潜熱（蒸発量）が増えると誤認した。

　潜熱「水分」の移動。水と大気間の移動は水と大気間
の水蒸気分圧の差が基本にあり、周辺環境により左右さ
れる。

　湖水や海水への適用は水温と大気の凝結温度で基本が
決まり、周辺環境で左右される。

　現実の観測でパラメーターを算出するのは良いが、そ
れだけでは間違いが生じる。風や波以外に抜けているも
のがある。水温と凝結温度、水温と乾球温度、水温と湿
球温度のパラメーターを確立しないと潜熱は計算できな
い。

　このことが気象予報の予測精度が上がらない一因に
なっているばかりか、気温が上がったから降水量が増え
たと間違った結論の原因になっていると考えられる。

◆ボーエン比の真実

　ボーエン比とは、水温と気温の温度差が一定範囲内である時の顕熱と潜熱の比（顕熱／潜熱）である。

　温度差が一定だと顕熱は一定であるが、潜熱は気温差が一定でも気温が上がると気温と凝結温度の差が広がり、潜熱が増える。この現象を数値化したのがボーエン比である。

1-2　ボーエン比を海水の蒸発量に適用するのは間違い

　ボーエン比を海水の蒸発量に適用すると、気温が上がると蒸発量が増える、となる。だから「温室効果ガスにより気温が上がると蒸発量が増える。蒸発量が増えると気候変動が大きくなる」。現在主流の温暖化理論がこれである。

　しかし、ボーエン比の中でも潜熱は水温と凝結温度の差に比例（水温＞凝結温度）するとしている。凝結温度は気温に比例するため潜熱は気温に逆比例する。つまり、気温が上がると蒸発量が減少する。これがボーエン比の中で出てくる計算式から言える真実である。ボーエン比とはあくまでも潜熱と顕熱の比であり、潜熱量を示唆するものではない。

　ボーエン比を気温中心に捉えると、気温が上がると蒸発量が増える。水温中心に考えると、気温が上がると蒸

発量が減る。

2　基礎知識からのまとめ

　潜熱、顕熱共にエネルギーの移動は温度差により起こり高い方から低い方に流れる。

　顕熱は一般的な温度によるが、潜熱は一般的な温度とは限らない。

　潜熱は水温と大気の水温に相当する凝結温度の差によって決まる。さらに植物の表面や濡れた衣類などの水温は湿球温度によって決まり、凝結温度との差により潜熱の移動が決まる。

　詳しく説明すれば、大気を加熱すると湿球温度は上昇するが凝結温度は変化しない。気温が上がると植物からの蒸散は増加するが海水の蒸発には変化を与えない。現実を当てはめると、乾球温度が上がると湿度を一定に保とうとする働きで凝結温度が上昇する。結果、気温が上がれば海水からの蒸発量は減少する。一方、植物からの蒸散は増加する。

3 潜熱、顕熱それぞれの動きと合計の
エネルギー移動量

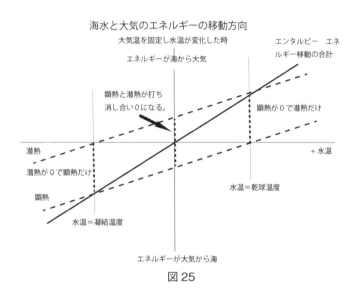

海水と大気のエネルギーの移動方向

大気温を固定し水温が変化した時

図25

【図25の解説】

　水温、大気の凝結温度、湿球温度、乾球温度と顕熱、潜熱の移動方向を図式化したものである（風、波の影響はここでは考慮しない）。

　・潜熱は大気の露点と水温の比によって決まる。
　・水温より大気の露点が高い時、潜熱は大気から海へと移動し大気が海水を温める。

・水温より大気の露点が低い時、潜熱は海から大気へと移動し海水が大気を温める。

・顕熱は大気の乾球温度と水温の比によって決まる。

・水温より大気の乾球温度が高い時、顕熱は大気から海へと移動し大気が海水を温める。

・水温より大気の乾球温度が低い時、顕熱は海から大気へと移動し海水が大気を温める。

・潜熱＋顕熱は大気の湿球温度と水温の比によって決まる。

・水温より大気の湿球温度が高い時、総エネルギーは大気から海へと移動し大気が海水を温める。

・水温より大気の湿球温度が低い時、総エネルギーは海から大気へと移動し海水が大気を温める。

・潜熱（海水の蒸発量）は海水温と大気の凝結温度の差により決定される。

・海水温度が高いほど、大気の凝結温度が低いほど、海水の蒸発量が増える。

・IPCCの主張する「大気温が上昇すると海水の蒸発量が増える」は間違いである。

・大気温が上昇すると凝結温度が上昇し、海水の蒸発量は減少する。

4　海水表面の大気の温度変化

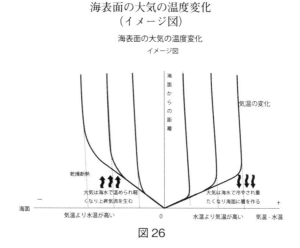

海表面の大気の温度変化
（イメージ図）

図26

【図の解説】

　大気の湿度を一定とした時の海面温度とそこに接する大気の温度変化を海面からの距離で図式化したもので、風や波は考慮していない。

　・海面温度より大気の温度が高い時：海面付近の大気は海面温度まで冷やされる。大気温が高くなればなるほど大気温と海水近くの温度の差が大きくなり、重い冷気として海面を覆い、大気と海水の熱循環を阻害する。つまり、気温が上がれば上がるほど熱循環の阻害

要因は増大する。

・海面温度より大気の温度が低い時：海面付近の大気は海面温度まで温められる。大気温が低くなればなるほど大気温と海水近くの温度の差が大きくなり、軽い暖気として海面を覆い、大気と海水の熱循環を加速する。だから、気温が下がれば下がるほど熱循環の加速力は増大する。

海水の蒸発量は海水温と大気の凝結温度の差によって基本値は決まるが、海水温と大気乾球温度との差により付加される値が変わる。さらに、風や波によっても付加される。

大気温の上昇は海水の蒸発量にとって、温度差の縮小（水蒸気分圧の縮小）と大気循環の阻害の二重でマイナスに働き、大気温上昇は降水量減少を招く。

これらのことからIPCCの主張する「気温上昇が降水量増加の原因」とする考えは間違いである。

5　現実的な潜熱、顕熱と合計の　　エネルギー移動量

より現実的に潜熱と顕熱が大気と海水の間を移動するのは次の図27のようになる。

水温＝乾球温度を境に水温＜乾球温度では熱の移動は
理論値より少なくなり、水温＞乾球温度では熱の移動は
理論値より多くなる。

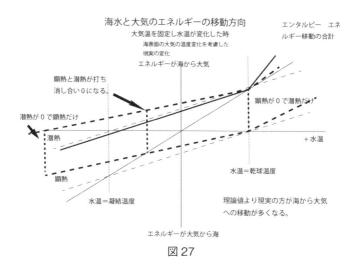

図27

6　海水の蒸発

　蒸発量は、基本は海水の水蒸気分圧と大気の水蒸気分
圧の差によって決まる。
　大気温の上昇は水蒸気分圧を上げることはあっても下
げることはない。即ち、大気温の上昇は蒸発量が減少し
ても蒸発量が増えることはない。水蒸気分圧が海水＞大
気では、海水が蒸発し大気へ移動する。海水＜大気では、

大気の水蒸気は凝結し海に戻る。

　風は海水と接する大気を入れ替え、蒸発を助ける。海水温＞大気温なら大気の循環を助けプラスに働き、海水温＜大気温なら大気の循環を阻害しマイナスに働く。

　波高は大気と海水の接面が増える分プラスとなる。波の速度は、波の中の個々の海水は定位置での円運動なので、蒸発量に影響は与えない。

第6章

不可解な論議

　地球温暖化論と関連する、人間を含む地球生物全体の存続に悪影響を及ぼしているとされる数々の課題について、真偽、疑問をまとめてみた。

1　測定技術、計測制度の基本

【計測機器の微細な誤差の調整業務を担当した経験から】

　アナログ計測器の誤差は±0.1％ほどある。温度にすれば±0.1℃に値する。アナログ計測器では物理現象を視覚で確認できるように変え、さらに視覚による誤差をなくすため、針の後ろに鏡を置き視覚のズレを補正できるようにしている。その結果0.1％以内に収められている。

　デジタル測定器では視覚による誤差はなくなったが、センサーそのものの誤差は全く解消されていない。さらに、$2^{16} = 65536$は16ビットのA/D（アナログからデジタルへの）変換器の最大数字である。デジタルは正確だと勘違いしている人が多いようだが、16ビットの最

初の1ビットの誤差は±100％、2ビット目は±50％、3ビット目は±25％……以下省略するが、16ビットデータ（3桁表示）では±0.1％の変換誤差が発生する。4桁表示では±0.01％の誤差となる。過去のアナログデータ、現在のデジタルデータ、その比較の信頼性は測定誤差以上の信頼性はない。

　この項目を挙げたのは深海の海水温が100年で0.01℃上昇したとする観測結果の信頼性への疑問からである。

2　サンゴの白化

　第1章でも述べたが、現状を正しく分析すれば、サンゴの白化は感染症によることは明らかで、水温の上昇が感染を拡大していても、水温上昇が原因とするのは間違いである。サンゴ礁ではリーフの内と外では海水温の差が大きい。もちろんリーフ内の水温が高い。サンゴの白化はリーフの内外区別なく発生している。インフルエンザは気温の低下が原因だ、と主張するに等しい。海水温の上昇はサンゴ白化のトリガーの一部に過ぎない。主要な原因ではない（再度その記事を掲載する）。

2007年06月25日　朝日新聞より
地球温暖化に伴って白化現象が進み大きな被害が予

測されるサンゴ礁に、新たな脅威が広がっている。「ホワイトシンドローム」と呼ばれる病気で、オーストラリアや沖縄など世界各地のサンゴ礁で見つかった。発症したサンゴのほとんどが1年以内に死ぬという。原因は不明だが感染症の一種とみられる。

水温の上昇がサンゴの白化の原因だと仮定すると、サンゴ礁の内のリーフ内が水温が上がりやすい。故に、白化の発生はリーフ内でまばらに発生し、一気に広がり、水温の低下と共に収まる。

感染症がサンゴの白化の原因だと仮定すると、一、二か所から発生し、発生場所を中心に四方に徐々に広がり、リーフの内外関係なくサンゴ礁全体が白化するまで収まらない。

3　森林による CO_2 吸収

基本的に、森林は CO_2 を吸収した量を排出している。収支は ±0 で、CO_2 を新たに保持することはない。ただし、天然林、放置林、原生林には当てはまるが、人が管理する里山ではその限りではない。

木は葉を付け、幹や枝を成長させる。その過程で多くの CO_2 を吸収し、水と反応し有機物を作り蓄える。し

かし、いずれ葉は落ち、枝や幹もいずれ枯れる。枯れ落ちた葉、枝、幹は小動物に食われ、あるいは菌類やバクテリアなどにより主に水とCO_2に分解される。そのため、歴史の長い森林や成長の止まった森林はCO_2の収支は結果的には±0になる。

　例外的にCO_2を吸収する森林も存在する。それは人が管理し成長している森林。泥炭層を形成する森林などである。しかし、人が管理し成長している森林といえども、数十年間、炭素の固定を延ばしているだけに過ぎず、森林が崩壊すれば森林が蓄えたCO_2が排出される。

　CO_2の吸収だけならば森林よりも穀物農地の方が多い。しかし、炭素を固定している時間が1〜2年なのでCO_2削減には余り寄与しない。

　ただ、森林の破壊≒砂漠化であるため、体感的な温暖化には影響を与えることになる。

4　温暖化による弊害「海面上昇」

4-1　計測記録は正しいのか

　気温の上昇により陸上の氷が解け、海面が上昇している。一般的にそう言われている。

　「陸上の氷が解け、海面が上昇している」このことに異

論はない。

　しかし、その結論に至る根拠には疑問が多々ある。

　温暖化が問題視される前は、海面は変化しないもので地盤が沈下している、としていた。東京では4メートルを超える地盤沈下も観測されている。

　ところが、温暖化が問題視されると、地盤は変化しないもので、海面が変化していると急に言い始め、「観測の結果、海面が上昇している」と結論付けた。

　地盤も海面も基準にはなり得ない。正しい測り方も1990年以前には存在しない。1990年、衛星から誤差10cm以内の測定が可能となった。2020年でも測定には1〜2cmの誤差が存在し、潮位も日々2〜3メートル変化する。

　海流による変化、風による吹き寄せ効果、気圧による吸い上げ効果、などによって幾多の変化要因の中でIPCC第6次評価報告書第1作業部会報告書（2021）で海面は年間1.73mm上昇していると結論付けた。が、信用に値する内容ではない。さらに1900年前後に対し近年、海面上昇は加速しているとのIPCCの主張は、明らかに海面上昇が気温上昇と相関関係にあると結論付けた結果であり、信頼できる実測に基づいたものではない。

4-2　氷河の融解が原因なのか

　海面上昇の主因として氷河の減少が挙げられる。

　16世紀、アルプスの氷河は現在よりも遥かに多かったことが歴史資料で確認できる。気温が上がり氷河が解ける時の事実認識に誤解があるようだ。

　氷河が多い時は解ける量が少なく、氷河が少なくなると解ける量が多くなるという考えは間違い。氷河が多い時に解ける量は多くなり、氷河が少ない時に解ける量は少なくなる。氷は表面からエネルギーを吸収し温度を上昇させ解けていく。表面積が多ければ吸収するエネルギーは多くなり、表面積が少ないと吸収するエネルギーは少なくなる。言い換えると、氷河が多くあり表面積が多い時氷河は多く解ける。氷河が少なくなり表面積が少なくなれば氷河の解ける量は少なくなる。

　氷河の存在する山岳部の表面積を円錐形や四角錐などにたとえた時、錐形の表面積は下半分で75％を占め、上半分は25％となる。気温が上昇し氷河が解ける時、標高の低い所から順に氷河が解ける気温に達し、標高の高い所へと移動してゆく。錐のたとえをしたように、標高が上がるほど解け始める氷河の面積自体は少なくなる。

　氷河が多くあった時こそ海面上昇率が高かったことが容易に推察できる。

　海面の上昇要因は氷河の融解だけではない。海水温上

昇による熱膨張と、人的には海の埋め立てや干拓。自然現象では海への土砂流失（陸の浸食）、海洋生物によるCO_2の吸収で炭酸カルシウムと炭水化物、蛋白質の合成。これは、表現を変えると、サンゴや貝などによる石灰岩質の造成とマリンスノーによる深海への有機物の体積である。

4-3　火山島は地盤沈下している

　火山島は常に地盤沈下をしている。海面上昇による沈む島でよく取り上げられるツバルも火山によって出来た島である。

　ハワイ諸島を見るとよく解る。ハワイ諸島は火山島で

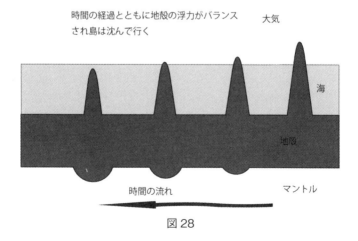

時間の経過とともに地殻の浮力がバランスされ島は沈んで行く

大気

海

地殻

時間の流れ

マントル

図28

最も東のハワイ島が現在、活発な火山活動により成長中
の島で、西に行くほど古い島となる。最も東のハワイ島
の標高が一番高く、西に行くほど島が古く、沈み込む時
間も長かったので標高も低くなり、最も西のカウアイ島
が最も沈み込んでいる（図28）。さらにその西には既に
海に沈んだ島が20以上存在している。グーグルアース
で確認できる。

　ハワイ諸島やツバルが沈み込む原理は（図28）、こう
いうことである。海洋部の地殻の厚さ5〜7km、海底の
深さ4〜5km、海上に現れた火山島は海底から4〜5km
の山となる。地殻の上に地殻に匹敵する重さの山が乗っ
かった結果、地殻は沈み込み始め、マントルとの間で浮
力均衡が取れるまで沈み込む。

4-4　IPCCの主張する海面上昇

　次の図29、30は気象庁の発表による日本近海の海面
水位の変化とIPCC第4次評価報告書に記載された、世
界平均の海面水位の観測記録と将来予測である。

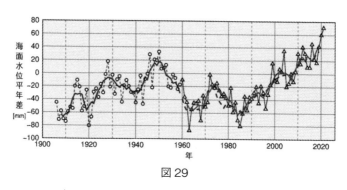

図29

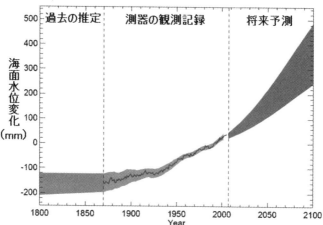

図30　世界平均の海面水位の過去及び将来予測における時系列
（1980-1999年平均を基準とする）

世界平均の海面水位の近年の変化

　人工衛星に搭載された高度計による観測が行われる

ようになり、世界平均の海面水位は現場だけの観測

データを用いていたときに比べ正確に見積もること

ができるようになった。気象庁で1993年から2010年までの衛星海面高度計による測定データを解析した結果、世界（北緯66度から南緯66度）の平均海面水位の上昇率は2.95 ± 0.12mm／年となった。また、海面水位の変化率は海域によって異なり、西太平洋では低緯度を中心に大きく上昇しており、東太平洋では逆にほとんど上昇していない海域がみられる。大西洋では、湾流の周辺を除き、全般に海面水位が上昇している。

（気象庁：海洋の健康診断表「総合診断表」より）

5　CO₂増加による海洋酸性化

NHKスペシャル「海の異変　しのびよる酸性化の脅威」では現在の海はpH8.2であるが、2100年にはpH7.8になり、酸性化が進むとしている。

伊豆諸島式根島の海はCO_2が噴出する海があり、CO_2により酸性化が進みpH7.8になっているのだという。これは2100年の海洋のpHの予測値で、2100年には貝も海藻も魚もいない、生物が住めない海になるという。

しかし、pH7.0でも生物は生きられるので、これは結論付けを間違っている。日本の河川や湖水ではpH7.0前

後であっても生物が住めない不毛の地ではないということだ。

　テレビ映像で確認できるがCO_2と共に温泉がわき出している。温泉には火山性温泉と非火山性温泉がある。火山性温泉は酸性温泉が多く非火山性温泉には単純アルカリ泉が多くなる（非火山性温泉：地熱は1000mで45℃ほどある。そこに地下水が存在すれば温泉となる。断層の割れ目に地下水が浸透しやすく、断層付近にこの温泉は多い。温泉の泉質は地下水が通過した地下の構造によって決まる。隆起した地形では石灰岩質が多くあるため、単純アルカリ泉が多くなる。火山性温泉：火山成分が溶け込み基本的には酸性泉となるが、地表に出るまでの地質により泉質が変化することがある。式根島のような火山島では島全体が火山性岩石のため高い確率で酸性泉となる）。

　NHKの画像から解るが、海水より比重の重い温泉が海底に滞留している。その海水により生物の住めない海底が存在し、その海水はpH3付近と想像が容易につく。その上層で流れのある海水のpHがpH7.8だろう。

　同じNHKの「ブラタモリ」の恐山の回では、式根島と同じようなCO_2が噴出する恐山火口湖で火口湖のpHは3と放送している。

　さらにNHKの「ワイルドライフ」薩摩硫黄島鬼界カ

ルデラの回では、こちらも式根島と同じように海中に火山ガスの泡が噴き出す所で「火山性の酸性温泉」と報じ、その中で多様な生き物の生態を放送している。式根島では酸性化はしているもののまだアルカリ性のpH7.8で生物の住めない不毛の地としているが、鬼界カルデラでは酸性でも多くの生き物を紹介している。

　NHKの「海洋アドベンチャー　タラ号の大冒険」では式根島の海洋酸性化により貝の貝殻が溶け穴の開いた映像を流している。貝殻に穴が開くにはpH4以下が必要で硫化物の噴出はあると想像できる。硫化物の噴出ナシと仮定しても筑波大の論文には疑問が残る。

　CO_2が噴出する所ではpH6まで下がるはずである。論文ではpH7 ～ 8.2まで変化し、それぞれのCO_2濃度300、400、900、1100ppmに相当する所で生態観測した結果を発表している。

　海には常に流れがあり、常に変化している。最低でもpH、温度、塩分濃度、酸素濃度を1週間連続モニターしたデータと共に結果の公表がないと、生物の生育環境の記録とは言えない。信頼性がない。できれば1ヶ月、潮の1周期が必要だと言える。さらに噴出口のpHと温度も数ケ所公表すべきだ。

　生物はそれぞれ自己に適したpH値を有している。

2100年、pH7.8になることで恩恵を受ける生物があれば被害を受ける生物も出てくる。

6　惑星の気温

◆もし地球が月と同じ状態だったと仮定すると

　現在の地球は地表の平均気温が15℃で、宇宙から見た地球の平均気温は−17℃である。この違いが温室効果と言われるもので、地球大気などの温室効果は32℃である。

　地球が月のように大気も水もなくアルベドも月と同じ0.12だとすると、地表の平均気温は−42℃、宇宙から見た平均気温は7℃となる（1日の気温差が100℃で気温の変化が正弦波で変化すると仮定した時のシミュレーション結果）。これは、1日の気温差が拡大すると、宇宙から見た気温の実効値と地表での気温の平均値の差で、−42℃と7℃の差である49℃が地球に温室効果をもたらす物が何もない時の温室効果で、マイナスの温室効果となる。

　放射エネルギーは絶対温度の4乗に比例する。放射エネルギーの実効値は4乗の平均で平均気温と大きな差が出る。ちなみに、電圧の実効値は電圧の2乗平均で100V、それに対し平均値は90.9Vである。

　−42℃と7℃の差49℃が大気の保温性と海水の熱量による気温の安定化でマイナスの部分を打ち消す温暖化効果である。

　温室効果の何一つない地球の平均気温は、−49℃−17℃＝−66℃で、大気や海水の保温効果+49℃で−17℃となり、さらに温室効果+32℃で気温15℃となる。

　また、別の計算方法として、CO_2以外に温室効果がないと仮定すると、−17℃の絶対温度256×(100/80)^0.25＝270.7で摂氏−2.3℃、温室効果は14.7℃となる。

　宇宙から見た地球の放射吸収スペクトルから分析すると、宇宙から見た地球の気温は−17℃、実際の気温15℃、CO_2による吸収スペクトル幅20％より算出されるCO_2の温室効果は9.4℃となる。

　火星の温室効果は10℃である。識者の論では、温室効果ガスが少ないから、としている。果たして、これは正しいのか。

　火星のCO_2絶対量を見てみる。CO_2濃度は、地球は0.035％であるが火星は95％と地球の2714倍に及ぶ。

　気圧は、地球1気圧であるのに対して火星は0.007気圧と地球の1/143気圧である。

　CO_2濃度と気圧を積算し絶対量を求めると、2714/143＝18.7となって、火星には地球の18.7倍のCO_2が存在し

ていることになる。

　火星は大気圧が0.007気圧と地球に比べてかなり低い
が、CO_2は地球の18.7倍存在する。その中で温室効果は
10℃に留まっている。これを地球に換算すると11.8℃と
なる。前記、地球のCO_2の温室効果14.7℃（CO_2以外に
温室効果がないと仮定した場合）と9.4℃（宇宙から見
た地球の放射吸収スペクトルから分析した場合）の中間
に位置する。

　つまり、火星のCO_2による温室効果が地球の18.7倍と
はとても言えない。

　地球も火星もCO_2による温室効果はすでに飽和して
変わらないと言える。

◆各惑星のCO_2の量と温室効果（地球比）

	大気圧	CO_2濃度	CO_2の気圧	CO_2の量	温室効果	温室効果
地球	1	0.00035	0.00035	1	33℃	1
金星	92	0.96	88.32	25万倍	500℃	15倍
火星	0.007	0.95	0.00665	18.7倍	10℃	0.3倍

表4

　＊アルベド：入射光と反射光のエネルギーの比、反射
　　率のこと。反射能ともいう。天文・気象では惑星表
　　面での太陽光の入射に対する反射光の強さの比をい
　　う。平面反射のほか大気、雲などによる散乱分も含

み、惑星の大気が多いほど大きい値になる。

6-1　金星の気温

　CO_2が温暖化の原因である証拠としてIPCCでは金星
の気温をよく取り上げる。

　金星の大気中のCO_2の濃度は96％で、地球の2700倍
のCO_2が存在しそれが金星の地表温度460℃に繋がって
いる、との主張である（補足：金星は地球より太陽に近
いがアルベドが地球より大きく、宇宙から見た温度は地
球とほぼ同じである）。

　金星のCO_2濃度は地球の2700倍だが、気体の気圧を
考慮するとCO_2の鉛直方向の量は2700 × 92 = 24.84万倍
である。IPCCの論理から見れば金星のCO_2は地球の
24.84万倍の温室効果があることになる。この結果から、
もし地球でのCO_2が2倍になった時の気温上昇は
0.0018℃となる。つまり、CO_2が温暖化の原因とする
IPCCの論理は間違いであることの証明となる。

6-2　正しい論理

　宇宙から見た地球や金星の気温は、大気鉛直方向の放
射熱の平均であり、地表面の気温ではない。

　金星のように惑星全面が雲で覆われている星では、2

つの重要な点がある。1つは、宇宙から見た気温は雲の上端の気温であるということ。2つめは、雲が出来るということは大気の循環があるということ。

この2点から、金星の雲の上端の気温が－17℃で、雲以外の温室効果ガスに関係なく気圧が上がるごとに雲の中は湿潤断熱温度勾配となり、雲のない所は乾燥断熱温度勾配に沿って気温が上昇する。つまり、金星の気圧が地球の92倍であることが原因なのであって、CO_2濃度は気温の上昇には関係ない（金星ではCO_2を主体とした乾燥断熱温度勾配になる）。

昔はNASAやJAXAはこの考えを踏襲していたが、最近何かの圧力に押されているのかCO_2濃度説が見受けられる。

乾燥断熱温度勾配は、地球では水蒸気を主とするが、金星での乾燥断熱温度勾配はCO_2を無視できない。地球ではCO_2が乾燥断熱温度勾配に与える影響は0.01％だが金星では24％に達するからだ。

地球では雲の量が地球表面の30～40％と金星に比べて少ないので、雲の上端ではなく高度5000メートルの所が－17℃となる。そこから乾燥断熱温度勾配によって地表は＋15℃となる。

ここでもCO_2の関与は少ない。然らば、地球が金星のように全面雲に覆われれば地表の平均気温が上昇する

かと言えば、そうではない。全面雲に覆われるとアルベドが上昇する。金星と同じアルベドだと仮定すると地球の雲の上端1万メートル付近の気温は−50℃となり、乾燥断熱温度勾配により地表気温は+15℃前後となる。これでは必ずしも暖かくなるとは言えない。

　ちなみに、雲が1万メートルより下に出来ると、地表気温は低下する。

6-3　IPCCの温暖化論理

　太陽から地球の表面に達した光エネルギーが地表で赤外線に変わり大気外（宇宙空間）へと放出される。地球では35％ほどが制限されるため、宇宙から見た地球表面の温度−17℃が現実の地表面では+15℃になる（図31）。

宇宙から見た地球の気温は太陽放射の1/4で-17℃である

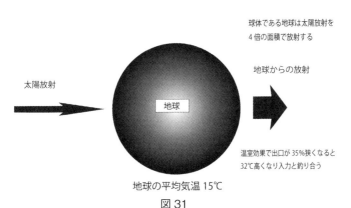

太陽放射

地球

球体である地球は太陽放射を
4倍の面積で放射する

地球からの放射

温室効果で出口が35％狭くなると
32℃高くなり入力と釣り合う

地球の平均気温 15℃

図31

雲の存在しない惑星ではIPCCの論理適用が正しいが、全面雲に覆われた惑星では雲の上端からの乾燥断熱温度勾配の論理適用を用いる必要がある。地球への適用はその中間となる。

7　スノーボールアース

> 原生代末期に大氷河時代が訪れたらしいことは、20世紀前半から知られていた。ところが、当時の赤道域に大陸氷床（大陸スケールの氷河で山岳氷河とは異なる）が存在していたという確実な証拠が得られた。赤道域に氷床とは、いったいどんな状況だったのだろう？　それだけではない。同じ時期には酸化鉄が大量に形成されている。これは地球史において約10億年ぶりの出来事である。カーシュビンク博士は、地球全体が凍結したと考えればそうした「謎」が説明できることに気がつき、この仮説を発表した。1992年のことである。

スノーボールアース – 理学のキーワード – 東京大学 大学院理学系研究科・理学部（u-tokyo.ac.jp）

上記は、赤道大陸に氷床が存在したことから全地球が

凍結した「スノーボールアース」が存在した、そういう仮説の提唱である。

　赤道付近の平地に氷河が存在した証として下記のような地質を挙げている（写真4は同様の地質を自写したもの）。

写真4

　大小の丸い石と泥が1つになった岩石である。この岩が赤道付近で氷河期の地層から出土しているという。

　確かに、氷河によりこのような地層は形成されるが、他に土石流によっても形成される。

　当時、陸地に植生はなく、雨が降れば土石流が頻発していたことが容易に想像できる中、氷河によるものだと言い切るのは疑問があり、その根拠を知りたい。

　赤道付近の山岳地帯なら、高度による温度差で海抜0

メートルでプラスの温度でも山岳地帯ならマイナスになり氷河が形成される。赤道の海面温度がマイナスだと地球全凍結と言える。

　一方、赤道付近に大陸氷床が存在した根拠として写真4の岩石を挙げている。

　ここに大きな矛盾がある。赤道大陸に仮に1000メートルの氷床があったとすれば、全地球が凍結した中では100万ミリの雨に相当する雪が必要になる。これだけの水蒸気がどこから供給されたのか？　全地球が凍結した中では海は氷の下で、大量の水蒸気を供給する源は存在しない。よってカーシュビンク博士の仮説は間違いであると証明できる。

　スノーボールアースそのものを否定することはできないが、赤道大陸に氷床があったとすることは否定できる。考えられる誤りは、氷床そのものの誤認か、地層が赤道でなく高緯度に存在したかのどちらかである。

8　衛星から地球の赤外線放射を測定

◆衛星から地球の赤外線放射を測定した内容の考察

　IPCCはCO_2が増えれば増えるほど温暖化は進むとする一方で、図32の（a）サハラ、（b）地中海が表す668

cm^{-1}付近の値が0になっていないのは、まだCO_2に放射熱の吸収余力があることの証拠だとしている。つまり、CO_2が増えればさらに温暖化が進むとの見解である。それならば、(c) 南極での観測の結果も668cm^{-1}付近で落ち込むはずが、落ち込むどころか上昇している。ここにCO_2と温暖化を結び付けることの矛盾がある。

また、668cm^{-1}付近の放射輝度220Kを基にまだどれだけ温暖化する余地があるか計算すると、完全吸収すると＋5.6℃となる。CO_2がどれだけ増えても＋5.6℃以上

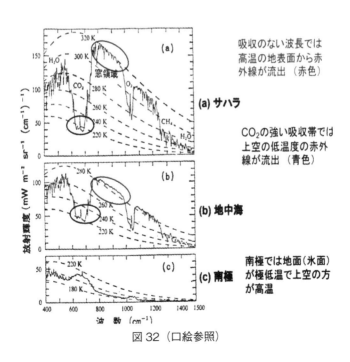

吸収のない波長では高温の地表面から赤外線が流出（赤色）

(a) サハラ

CO_2の強い吸収帯では上空の低温度の赤外線が流出（青色）

(b) 地中海

南極では地面（氷面）が極低温で上空の方が高温

(c) 南極

図32（口絵参照）

温暖化しないとの結論になる。

　これは、CO_2が増えれば増えるほど温暖化は進むとする見解と矛盾している。

　気象衛星に関する論文では「668cm⁻¹付近の放射エネルギーは高度20〜30kmの大気温度と相関する」としている。気象衛星の論文と観測結果（c南極）の間に矛盾は見出せない。

　図32は1970年に打ち上げられたNASAの気象観測衛星ニンバス4号がサハラ砂漠上空、地中海上空、南極上空で測定した地球放射スペクトル分布である（詳細は口絵のカラー図参照）。heat balance jpn（asahi-net.or.jp）

　＊図32中の「赤色」は（a）（b）ともに右上の楕円を示し、「青色」は（a）（b）ともに左下の楕円を示す。

第7章

地球温暖化の予測と今後の気候

◆地球全体で捉えると……

　海水の蒸発量が増える海洋汚染による温暖化は気候変動を大きくする。

　IPCCは、"蒸発量＝水温＋気温"と考えているが、前項で説明したように正しくは"蒸発量＝水温－気温"（正しくは凝結温度）である。第2章1-2項「気候変動の原因と仕組み」を参照してほしい。

　中国沿岸で加速する海洋汚染が今後も拡大するとの前提で考察すると、下記のような影響が予測される。

1　夏

　海洋の温暖化により南太平洋低緯度の低気圧が発達し、太平洋中緯度の太平洋高気圧を大きくさせる。インド洋の海水温が上がり、ヒマラヤ山脈南部に大雨を降らせた低気圧がチベット高気圧を発達させる。チベット高気圧は高山で出来た高気圧なので高層大気の高気圧となり、太平洋高気圧の上に重なる。日本ではW高気圧の影響

で暑い夏が益々多くなる。

2 台風

　日本に接近する台風の発生地域は北緯10度から20度である。ここで発生した台風は北東貿易風により西に移動しながらより多くの海域の水蒸気を集め大型化し、北上後に北東に進路を変える。北緯10度に近いほど西方への移動距離が長く、より大型化する。北緯20度に近いほど西方への移動距離が短いため大型化しにくい。

　温暖化により太平洋の海水温上昇がもとで台風発生可能な条件（蒸発量の増加）が日本近海に及べば、北緯30度付近まで台風発生地域が拡大する。それに伴って台風の発生数が増えることが予想され、日本により近い位置での台風発生も増加すると考えられる。

　日本の近くで発生した台風は西方への移動が少なく北上し、発達する時間のないまま日本に接近する。しかし日本近海の水温が高いため台風が衰える時間もまた少なくなる（図33）。

　このことは、東海、関東に南海上から直接台風が接近することを示し、東海、関東に接近する台風は数が増え大型化もする（九州、四国沖を通過する過程で勢力が弱まっていた台風が直接、東海、関東に近づくことで勢力

が弱まることなく接近する）。

　台風の大型化は自然の揺らぎの中で決まり、正確な予測はできない。温暖化による大型化もまた同じ。いわゆるカオス（数式で表わせず規則性が見出せない現象）である。

（＊ここで使う大型台風とは、気象用語の大型と強さをミックスした意味である）

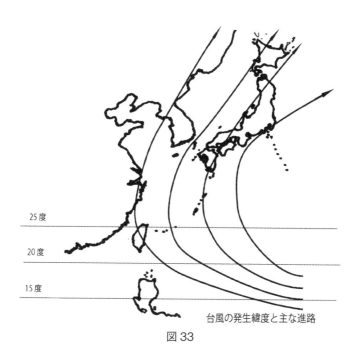

台風の発生緯度と主な進路

図33

3 梅雨・秋雨

　海水温の上昇による温暖化は東シナ海や日本海での水蒸気蒸発量の増加をもたらす。

　今までの豪雨は台風や移動性低気圧が原因であったが、そこに梅雨前線、秋雨前線の停滞前線が加わる。

　梅雨前線はベンガル湾で蒸発した水蒸気がヒマラヤ山脈の東側を抜け、「湿舌」となって、東シナ海で蒸発した水蒸気と合わさって日本に押し寄せる。

　秋雨前線は、水温を高い位置で維持した東シナ海と気温が下がった大気との温度差が拡大し蒸発量が増え、以前に増して活発化する。停滞前線による豪雨は台風等と違い降水域が動かず停滞するため災害が大きくなる。

　発生地は主に東シナ海、日本海を西方に持つ九州全域から中国地方、北陸地方、東北地方となり九州が最も影響を受ける。

　台風や移動性低気圧が原因での豪雨は山の南東斜面が中心で、長年の経緯から南東斜面には耐性が出来ている。しかし停滞前線による豪雨は西南西斜面でまだまだ耐性が出来ていないため、想像以上の被害が出る。

4　春・秋

　季節全体に気温が上昇した結果、冬が短く夏が長い状態にはならない。

　海水温上昇による温暖化は、冬の太陽放射が少ないので冬への影響は少ない。夏は影響が大きく夏が長くなる。結果、気候の良い春秋は短くなる。

5　冬

　冬のシベリアは日射が極めて少なく、なおかつ陸地であるため、海水温上昇による温暖化の影響は少ない。

　シベリア高気圧に変化はない。冬の太平洋は海洋汚染による温暖化で海水温が高いままで、シベリア大陸と太平洋の温度差が拡大する。結果、冬の寒気の吹き出しは多くなる。海水温上昇による温暖化では日本海の海水温は高くなるので、海水温と大気の凝結温度との差が大きくなり、日本海からの蒸発量が増える。

　予測される変化としては、冬の気温は海水に温められ少し上がる。寒気の吹き出しがある時、日本海沿岸は雨が増え、大雪となりやすい。内陸部や山間部は積雪が増える。太平洋側、日本海側共にシベリアと太平洋側の温

度差が拡大するため、気温は若干上がるが風がより強く
なる。そのため体感温度は温暖化に逆行し、むしろ低下
する。寒気の吹き出しがない時、日本近海の温暖化によ
り気温は上がる。春分近くになると太陽の日差しにより
海水が温められ始め冬の終わりは早くなる。

あとがき

　2022年IPCC第6次報告では「人間活動の影響が大気、海洋、及び陸域を温暖化させてきたことには疑う余地がない」という発表でした。このこと自体には異論はありません。しかし、温暖化対策として現在、直接的間接的に多額の金銭的負担を私たちは求められています。

　しかし、我々の負担が正しくかつ効果的に温暖化対策および気候変動対策に生かされているでしょうか。温暖化の原因がCO_2ではなく海洋汚染の可能性が極めて高い現状において、カーボンニュートラルの政策は全く意味をなしません。膨大なる負担と税金の無駄遣いです。それどころか気候変動対策には全く効果なく放置されたままです。気候変動から人命や人々の生活を守るはずの温暖化対策が全く機能していないのです。何も行動しないことが正しいのでしょうか。

　ここにこの本を出版し、多くの人々に知らしめ、真実が広がることを願います。

2023年7月　　小山新樹

著者プロフィール

小山 新樹（こやま しんじゅ）

1953年、福井県生まれ。
福井県立武生工業高校卒、松下電器産業株式会社入社。
退職後、会社設立（クリーニング業）。
大阪府在住。
取得資格：電気工事士、電気主任技術者三種、テレビジョン修理技術、機械組み立て仕上げ2級、電子機器組み立て1級、ラジオ音響技能検定2級、危険物取扱者乙種4類、有機溶剤作業主任者、クリーニング師。

なぜ気象学者は間違ったか 地球温暖化論争の疑問を追う

2023年10月15日　初版第1刷発行

著　者　小山 新樹
発行者　瓜谷 綱延
発行所　株式会社文芸社
　　　　〒160-0022 東京都新宿区新宿1-10-1
　　　　　　　　電話 03-5369-3060（代表）
　　　　　　　　　　 03-5369-2299（販売）

印刷所　株式会社エーヴィスシステムズ